生物技术入门系列⑧

胚胎、无性繁殖系和转基因动物

原著:〔德〕莱因哈德·伦内贝格
插图:〔德〕达嘉·苏斯比尔
翻译:杨　毅　童仕波　刘　震

科学出版社

北　京

图字：01-2007-0877 号

This is a translation of

Biotechnologie für Einsteiger

Reinhard Renneberg, Darja Süßbier (illustration).

Copyright©2006, Elsevier GmbH, Spektrum Akademischer Verlag, Heidelberg
ISBN-13: 978-3-8274-1847-0
ISBN-10: 3-8274-1847-X

图书在版编目（CIP）数据

胚胎、无性繁殖系和转基因动物／（德）伦内贝格（Renneberg, R.）著；杨毅，童仕波，刘震译.—北京：科学出版社，2009
（生物技术入门系列；8）
ISBN 978-7-03-024219-8

I. 胚… II. ①伦…②杨…③童…④刘… III. ①动物学：胚胎学②动物－无性繁殖③动物－外源－遗传工程 IV. Q954.4 Q492.2 Q953

中国版本图书馆 CIP 数据核字（2009）第 031645 号

责任编辑：孙红梅 李小汀／责任校对：李奕萱
责任印制：钱玉芬／封面设计：耕者设计工作室

科 学 出 版 社 出版
北京东黄城根北街 16 号
邮政编码：100717
http://www.sciencep.com

天时彩色印刷有限公司 印刷
科学出版社发行 各地新华书店经销
*
2009 年 3 月第 一 版 开本：A5（880×1230）
2009 年 3 月第一次印刷 印张：3 3/8
印数：1—3 500 字数：85 000

定价：35.00 元
（如有印装质量问题，我社负责调换〈双青〉）
编辑部电话：010-64006589

《生物技术入门系列》译者名单

① 啤酒，面包，奶酪——生物工艺与美食

　　　　　杨　毅　　　陈　慧　　　王健美

② 酶——在生活与工业中广为使用的超级分子催化剂

　　　　　杨　毅　　　张皖蓉　　　王健美

③ 基因工程的奇迹

　　　　　杨　毅　　　岳渝飞　　　陈　慧

④ 白色生物技术——作为合成工厂的细胞

　　　　　杨　毅　　　张建军　　　王健美

⑤ 病毒、抗体和疫苗

　　　　　杨　毅　　　杨　爽　　　王健美

⑥ 环境生物技术——从"单行道"到自然循环

　　　　　杨　毅　　　王健美　　　彭琬馨

⑦ 绿色生物技术

　　　　　杨　毅　　　张　勇　　　王健美

⑧ 胚胎、无性繁殖系和转基因动物

　　　　　杨　毅　　　童仕波　　　刘　震

⑨ 心肌梗塞、癌症和干细胞——生物技术拯救生命

　　　　　杨　毅　　　严碧云　　　陈　慧

⑩ 分析生物技术和人类基因组

　　　　　杨　毅　　　张　亮　　　陈　慧

主　审：　杨　毅　　　陈　慧

丛 书 序

杨 毅

当看到德文版的 *Biotechnologie für Einsteiger*（生物技术入门）时，我深深地被这本书所吸引。作者莱因哈德·伦内贝格（Reinhard Renneberg）明晰而生动的写作风格、生物技术发展历史各个时期代表性事件和人物的介绍、插图作者达嘉·苏斯比尔（Darja Süßbier）绘制的大量精美的彩图，都使该书与众不同。深入阅读各个章节后，我确信这本书称得上生物专业的精品图书，它能让科研工作者、学生以及对生物技术感兴趣的非专业人士真正了解什么是生物技术，了解生物技术在现实生活中的应用与发展。由于原著十章内容包含的信息量极大，每章都可以独立成书，所以在出版社的建议下，我们翻译的这本书就变成了由十册组成的《生物技术入门系列》，每册即为原著的一章。

本书作者伦内贝格教授从小就显示出他在生命科学和生物技术领域的兴趣和天分。他长期从事生物技术的研究，目前就职于香港科技大学。伦内贝格教授利用幽默、通俗的文字和大量史实般的图片从各个方面向我们介绍了生物技术的发展历程、现实应用以及生物技术史上的名人轶事。不仅强调对基本技术原理的阐述，更有助于读者深入地了解生物技术的发展和应用。所以，既可供生命科学相关专业的研究生、本科生以及从事应用技术领域研究、生产的科研人员作为生物技术的入门教材和参考书，也可成为面向科技管理者以及任何一位对生物技术感兴趣的非专业人士的科普读物。

这本献给初学者的生物技术入门教材行文流畅、深入浅出,作者将自身对生物技术的热情生动形象地用文字和图片呈现在读者面前。正如美国国家科学院、美国艺术科学院院士、哈佛大学的汤姆·拉波波特(Tom Rapoport)教授所评价的一样,伦内贝格教授通过这本书向学生传递了对科学的激情与信念,这些激情与信念也许可以改变我们的世界。两次诺贝尔奖获得者弗雷德里克·桑格(Frederick Sanger)看到这本书后"觉得自己又回到了学生时代"。的确,好的著作能够启发人们去思考、激发人们的想象空间。诺贝尔奖获得者沃森和克里克正是看了波动力学之父埃尔温·薛定谔(Erwin Schrödinger)在1944年出版的《生命是什么?》一书后,深深地为之感动,开始致力于研究DNA携带遗传信息的机理,进而建立了DNA的双螺旋结构模型。因此,我们希望《生物技术入门系列》能够激发读者对生命科学、生物技术领域的兴趣和激情,启迪人们的灵感,为我国生物技术的发展做出贡献。

伦内贝格教授在前言中提到他们庞大而高效的团队,其实《生物技术入门系列》同样是集体劳动的结晶。在Elsevier出版集团的工作人员和科学出版社孙红梅编辑的大力协助下,我有幸能组织我的同事和研究生进行本书的翻译工作。在翻译过程中,我们力图重现原著的独特风格,以彰显作者的写作思想。同时,为了使中文版的内容更准确、信息量更大,我们也参考并借鉴了本书英文版的部分内容。本套丛书的出版还要感谢李小汀编辑所作的大量工作,特别是在修改过程中提供的非常好的建议。值得一提的是,参与排版的几位工作人员也付出了辛勤的劳动,她们一遍遍的修改使生动的文字和精美的图片变成了您手里的这套书。需要说明的是,尽管我们查阅了大量资料,但书中有少量拉丁学名在我国还没有对应的中文译法,所以我们仍保留原样。另外,由于时间仓促和水平所限,书中难免会出现一些疏漏,还请读者谅解并提出宝贵的建议,我们希望今后有机会可以使这套丛书更加完善。

杨毅教授分别于云南大学、四川大学和德国慕尼黑工业大学 (TUM) 获理学学士、理学硕士和博士学位。目前任四川大学生命科学学院教授、生物资源与生态环境教育部重点实验室主任、四川省细胞生物学会理事长。1997~1999年，获德国汉斯·塞德尔基金会 (Hanns-Seidel-Stiftung) 奖学金，在德国慕尼黑大学 (LMU) 作访问学者；1999~2003年在德国慕尼黑工业大学作科学合作者 (Wissenschaftliche Mitarbeiter)。

　　四川大学生命科学学院植物遗传研究室目前有三位教授、一位副教授、一位讲师以及30余名硕、博士研究生。在杨毅教授的带领下，实验室利用现代分子生物学和生物技术研究手段，主要从事植物激素脱落酸信号分子的分析、油菜细胞质雄性不育的分子机理、油菜脂肪酸代谢及调控、植物耐热的分子机理研究等。

《生物技术入门系列》全体翻译人员。杨毅教授（第2排左二），陈慧（第2排右二），王健美（第2排右一）。

本 册 简 介

麒麟、斯芬克斯、人身牛头怪——古代人类远隔重山万水，却有着同样丰富的想象力。今天，现代人类传承了先祖的智慧，并将神话故事变成现实。

从人工授精到胚胎移植和体外受精，再从转基因动物到胚胎克隆、体细胞克隆和转基因克隆，生殖生物技术的发展经历了辉煌的历程。早期的人工授精、胚胎移植对动物生殖机理研究、改良性状和挽救濒危动物等都具有重要意义。而转基因动物则在药用蛋白生产、疾病动物模型、异种器官移植等方面发挥了不可替代的作用。与转基因不同的是，克隆是将整个细胞核替换，然后让换核后的细胞繁殖成新个体的技术。1996年7月5日，克隆羊多莉的诞生证明了克隆成熟动物的可能性。在克隆动物的同时进行转基因操作，也在实践上为大规模复制动物优良品种和生产转基因动物提供了有效方法。

本册将为您介绍前沿的生殖生物技术及应用。或许在不久的将来，胚胎移植能使一万年前灭绝的猛犸象起死回生，胚胎融合也可以使传说中的"四不像"来到现实。

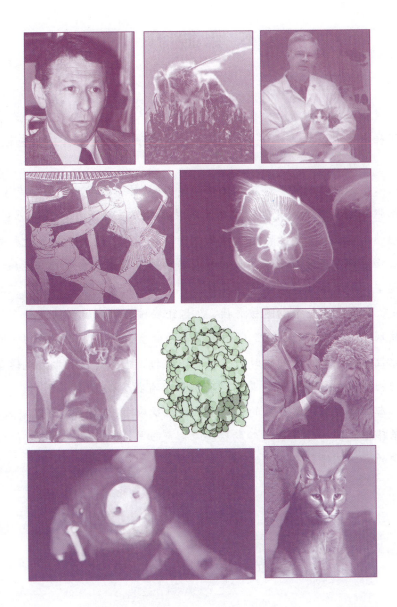

原 版 前 言

不管怎样，谁又想去看一篇冗长的前言呢？所以还是让我们直奔主题吧：是什么促使我写这本书的？

好奇心与积极性。当我还是个小男孩时，我喜欢阅读一切可以为我解释这个世界各种奇妙现象的书籍。如今，作为一名科学工作者，我认为没有什么东西可以比生物技术更能造福于人类社会的未来！这世上还有比这更让人激动的事吗？

想要了解一切。通过涉猎众多的科学文献，我充分地认识到了苏格拉底的名言"除了我的无知，我一无所知"。成为一名博古通今的文艺复兴学者的梦想曾经占据了我的头脑，然而，唉！这已经是过去的想法了。现在，我只想对一个领域内的知识做一个全面纵览，并且这还需要和相近科学领域的专家进行合作。就此而言，我很幸运自己能获得两位 Oliver 的帮助——柏林的 Oliver Kayser，现在在荷兰格罗宁根（Groningen）工作，以及德国汉堡的 Oliver Ullrich，这两个人都才华横溢。他们不仅读完了本书，而且竭尽全力造就了它现在的样子，感谢你们！当文中论述的内容涉及更复杂的问题时，我就会向相关领域的专家寻求帮助，并且常常会将他们的观点进行精简。你可以在撰稿人的名单中找到这些专家的名

作者对他养的公猫 Fortune 进行了克隆实验（Fortune 0 号、1 号、2 号以及 3 号）。

达嘉·苏斯比尔和公猫
Asmar Khan。

字。我非常感谢他们的帮助,并且希望没有漏掉任何一位的名字!

懒惰。我已经在香港教授了十年的分析生物技术和化学,我的中国学生大都不怎么了解啤酒酿造、酶清洁剂、DNA、嗜油菌、"金米"、GloFish、心脏病发作或是人类基因组工程。结果,我的科学研讨会演变成了长时间的关于生物技术的讨论。给他们指定阅读的88个书目完全没有什么作用——他们所需要的仅仅只是读一本书就够了。现在我终于可以说:"买我的书来读吧——它涵盖了所有你需要知道的知识。"

乐趣。毕加索曾说过,"任何你可以想象到的东西都是真实的"。在达嘉·苏斯比尔的帮助下,我将这本新型的教科书变成了现实,同这位德国最优秀的生物图表艺术家合作是一种极大的乐趣。她可以从我那些特别的即兴创作中挖掘出巧妙而和谐的转换途径,从而变成精妙的图解,而其他很多图表艺术家在我混乱的工作风格下所创作出的作品却总是让我非常失望。非常感谢你,达嘉!

能够使用 David Goodsell 精美的分子绘图也让我梦想成真,而当我一步步地使用碳原子进行计算时,来自意大利的 Francesco Bernardo 向我伸出了援手,从而

David Goodsell,分子绘图奇才,瑜伽教练以及生物纳米技术幻想家。

使我完成了关键分子的3D模型。这真是太棒了!

富有想象的激情。亚洲拥有年代久远的绘画传统。在Google上搜索生物技术方面的图像让我感觉快要发狂了。起初,出版社在看到我将原本只有两张彩色图片的雪白教科书逐渐变得五颜六色后显得有些震惊,到最后,书上几乎看不到多少空白了!

然而,伴随这些图片到来的还有它们的版权归属问题,不过大多数版权所有者都非常热心的帮助我。瑞士的发行人Ringier将一本早期著作中的许多版权转移到了我的名下,而Bio-Horizonte之前也是属于莱比锡的Urania Verlag 出版社。

另外,像GBF Braunschweig、Roche Penzberg、Degussa、Transgen 以及生物安全网络在向我的邮箱发送了10MB的邮件测试了我的服务器后,都同意让我使用他们的大量图片。德克萨斯的 Larry Wadsworth向我提供了大量的克隆动物的照片。如果有我未作为图片作者提及或是我没能联系上的图片作者请与我联系,如有疏漏,请原谅我的疏忽。

读者还会注意到我在书中加上了我自

Oliver Ullrich 与一只名叫 Ollie的未经过基因工程实验的小老鼠。

Oliver Kayser 与他的孩子们。

己所拍的猫、鸟、蛙类、海豚、食品、中国以及日本的照片，我把脑袋里所有的东西都变成了照片放在这本关于生物技术的书中，我希望你们不会介意从中看到一些我个人的实验和专业模型。

信息狂。这世上还有什么比端着一杯咖啡，俯瞰着中国南海，然后打开笔记本电脑查看前一晚的邮件更惬意的事呢？这些邮件可能是来自生物技术领域的大大小小的人物，或是柏林Dascha发来的最新版式设计。其中有许多邮件来来去去了很多遍，就像变魔术一样。这本书是网络产生的果实，我坐在一个亚热带小岛上，敲打着键盘，然后你瞧，一本漂亮的书便在世界的另一端产生了，Jules Verne对此一定有着深刻印象。

这又是谁的**创意**呢？是来自德国Spektrum Akademischer Verlag出版社的Merlet Behncke-Braunbeck让我承诺将所有想法变成一本教科书。Imme Techentin-Bauer、Bärbel Häcker 与 Ute Kreutzer 则组成了一个相当积极、高效又讨人喜欢的编辑团队，也许有时候当我返工、甚至完全改变或是"增强"某个已经完成的章节时，会被他们埋怨一阵，不过他们仍然给了 Dascha 和我强有力的支持，谢谢你

生物技术历史：Francesco Bennardo喜欢在有机化学实验室中进行（极易燃的）发酵品实验（红色箭头处）。这之后，Francesco 就离开实验室，在他的电脑前一边抽烟一边做分子模型。

们，女士们！

该如何利用本书？

可以将它作为一本**介绍性的入门书籍**，面向大学新生，还有各位
教师、记者或是任何一位对它感兴趣的非专业人士。

作为一本**教科书**。你可以按章节系统地阅读本书，并且测试一下
看看能否回答每章（即每册）结尾的八个问题。

作为一个**学生探索所得的经验**。轻松地浏览这本书，我希望你能从
中获得启发，激发你的兴趣去从更专业的书籍或网络中寻求更多的信
息。

作为一本**参考书籍**。也许它可以成为解决困扰你的一些生物技术难
题的初步答案，继而你可以从专业书籍或网络上查找到进一步的信息。

它真的有用吗？ 我的一些同僚可能会阅读这本书，不可否认这是
一个实验，而我不会将耐心花费在一本毫无内容和价值的书上。

我非常欢迎读者们的宝贵意见，请将您的邮件寄往
Chrenneb@ust.hk。

莱因哈德·伦内贝格

2005 年 8 月

目　录

知识框目录

■1　人工授精

目前，牛的人工授精技术已经在世界范围内得到广泛应用，并发展得日渐纯熟。该技术对优质种牛的繁殖起到很大的推进作用。

早在 1780 年，Lazzaro Spallanzani 已经对狗的人工授精的应用进行了阐述（图1）。基于对植物生长的认识，科学家对人工授精这一概念的了解不断深入，当时的科学界猜测胚胎可能是由雄性动物产生，然后在雌性动物体内生长发育。Spallanzani 第一次用实验证明了狗的卵细胞和精细胞必须直接接触才能使胚胎正常发育。后来，Spallanzani 在蛙类、鱼以及其他动物中都进行了实验来验证这一点。

当时，欧洲的许多育种组织都要求在人工授精之前，母体动物必须要经过自然受孕过程。因为用牛以及美国的一些狗做实验发现，没有经过自然受孕的动物被人工授精后会丧失自然受孕的能力（图2）。

图1　戈雅（1746～1828，西班牙画家）生活的那个时代，狗的人工授精技术可能已经得到应用。

在20世纪40年代中期，牛的人工授精技术成熟后，逐渐形成了一个稳定的产业。后来在50年代，用**液氮**（liquid nitrogen）（－196℃）冻存动物精液的技术逐渐发展起来，这一技术对人工授精领域产生了深刻且具有革命性的影响。现在，**冷冻的精子**（frozen sperm）被跨国运输已经不足为奇。可以想象，运输一些实实在在的牛和运输少量的冷冻精液相比，孰难孰易显而易见。在很多工业化程度较高的国家里，奶牛和肉猪都是通过人工授精得到的。一头种牛一次从体内排出的精液可以分成400份，每一份都含有两千万个精子细胞。一头用于人工授精的种牛可以取代用于传统授精的1000头种牛，人工授精的高效可见一斑。过去的四十年中，在没有应用基因工程的情况下，奶牛的产奶量急剧上升。20世纪50年代，一头奶牛的年产奶量为1000升，而现在年产量达8000升的奶牛比比皆是。

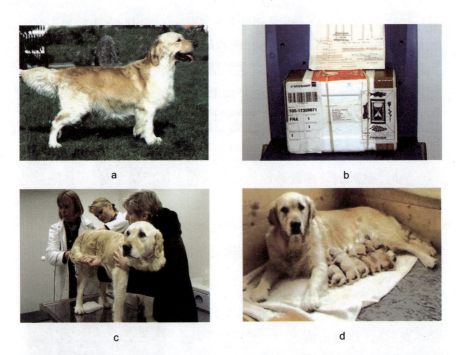

图2 狗的人工授精技术。从 a 到 d 依次为：用芬兰猎犬的精子人工授精后的德国金色猎犬。精子被超低温保存，并且可以用于运输。人工授精过程的实时监控。快乐的母亲和她的小宝贝们。

■2　胚胎移植和体外受精

　　人工授精技术使高产种牛的精子得到充分利用。但是，母牛受孕后也需要九个月的时间才能生产一头或两头幼仔。所以，我们仍然可以挖掘母牛身上的"生育潜能"（图4）。在荷尔蒙作用下，母牛可以产生更多的幼仔。例如，将促性腺激素注射进入母牛体内，可以引起母牛同时产生几个成熟的卵细胞。这些卵细胞通过人工授精后，胚胎开始发育，然后通过导管将其从子宫导出。用这种方法最多可以获得八个胚胎，然后将这些胚胎植入代孕母牛，则可以产生四头幼仔。和精液一样，胚胎也可以用液氮冷冻保存，冷冻后的胚胎仍然有三分之二可以保持活力，用于胚胎移植。当然，胚胎移植也有一些值得注意的隐患。当胚胎在代孕母牛体内发育时，母牛对胚胎会产生免疫反应，小牛也会"沐浴"在母牛的抗体中生长，这样可能会对胚胎的发育带来负面影响。

　　在**体外受精**（*in vitro* fertilization）过程中，精子和卵细胞在动物体外发生接触，形成胚胎后再移植到代孕动物体内。所以，优质品种的遗传物质可以大规模地传递给下一代。**希波克拉底**（Hippocrates，公元前460~公元前370年，图3）曾经提出控制牲畜后代的性别这一概念。如今，通过聚合酶

图3　希波克拉底（公元前460~公元前370年）。

3

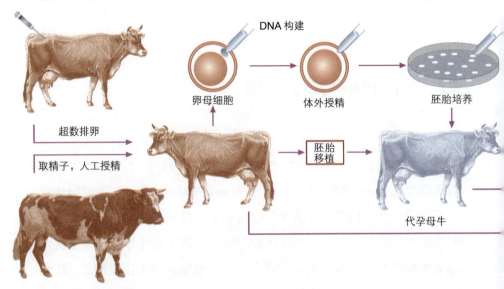

DNA 构建

卵母细胞

体外授精

胚胎培养

超数排卵

取精子，人工授精

胚胎移植

代孕母牛

图 4 由于体外受精技术和胚胎移植技术的应用，牛的繁殖速率被显著提高。用激素刺激使奶牛超数排卵，然后人工授精（中）或体外受精。胚胎随后被植入代孕母牛体内继续发育。

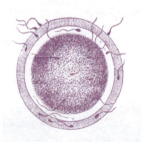

图 5 卵细胞的受精过程。图片引自恩斯特·海克尔（Ernst Haeckel）的著作 *Anthropogenie*。

链式反应（PCR）来控制后代性别的方法得以实现。当牛胚胎发育到八细胞期时，取出其中一个细胞，其余的七个细胞继续让它发育，然后用于胚胎移植。把取出的细胞的 DNA 提取出来，用 PCR 特异性地扩增 Y 染色体（雄性动物所特有的染色体）上的一个区域（图 51），PCR 扩增后的 DNA 产物用溴化乙锭染色，然后电泳检测。如果 Y 染色体区域显示出来，胚胎则是雄性的；如果没有，胚胎则是雌性

转基因牛

的。这项技术在**人类胚胎前植入诊断**（preimplantation diagnosis, PID）中引起了伦理上的广泛争议（详见本册末）。

　　繁育奶牛可以利用PID技术来选择性地只繁育母牛，而繁育肉牛则需要的是公牛。现在，区分了性别的牛胚胎已在网络上有售（图6）。

图6 人工授精中心通过网络提供公牛精子和胚胎。

■3 胚胎移植用于保护濒危动物

　　1984年，美国俄亥俄州辛辛那提市动物园用霍斯坦乳牛作为代孕母体来繁殖濒临灭绝的马来西亚白肢野牛（*Bos gaurus*），并获得了成功。

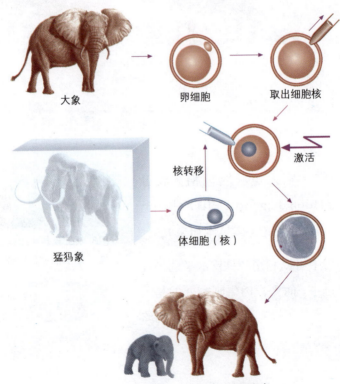

代孕母象与生出的小猛犸象

图7 科学家试图重现猛犸象。西伯利亚冻土层中有猛犸象的遗体。可以将其核苷酸提取出来再转到去核的大象卵细胞，然后植入代孕母象体内。

在肯尼亚，长角羚羊被用来作为代孕母体繁育紫羚羊（*Tragelaphus euryceros*，图8），以帮助后者恢复种群数量。超低温冻存的紫羚羊胚胎被运到肯尼亚，这些来自山区的野生动物的胚胎被植入俄亥俄州的长角羚羊和母牛的体内。与此同时，美国的紫羚羊胚胎被植入肯尼亚野生紫羚羊的体内。这些后代出生后都被放归自然界，动物行为学家还用微电波发射器来跟踪它们。

美国新奥尔良州的奥特朋研究所在人工繁殖猞猁，俗称山猫（*Felis caracal* 或 *Caracal caracal*，图9）方面已经取得了很大的成功，本书封面上印有它们的图片。

濒危动物的种类还有很多。在香港，通过体外受精培育出海豚的实验引起了广泛的关注（图10）。稍后，我们将详细讨论饱受非议的动物克隆。

图8 紫羚羊（*Tragelaphus euryceros*）。

图9 美国新奥尔良州的奥特朋研究所通过人工授精繁殖的猞猁。胚胎通过冻存、融化，然后植入代孕母体内，母体产下健壮而充满活力的小猞猁 Azalea。

图10 海豚可以通过人工授精来繁殖，这种海洋哺乳动物具有很高的智商。

■4 齐美拉式动物至少拥有四个遗传学上的亲代

图11 麒麟是中国神话中的动物，它有龙头、狮尾、牛身和鹿角，这是坐落在北京颐和园门口的麒麟铜像。

图12 希腊神话中的人身牛头怪物，克里特岛的国王弥诺斯将其关押在迷宫中，后来这个怪兽被雅典王子提修斯所杀。

齐美拉（chimera）是希腊神话中能吐火的怪兽，身上有至少四种动物的特征。用齐美拉来形容通过体外受精再移植胚胎的方式繁育出来的动物一点不为过，因为这种动物有四个不同的亲代个体。希腊神化中最为著名的齐美拉式动物是克里特岛上的人身牛头怪（图12）。

用**融合**的方式获得"齐美拉"（Fusion chimera，图15）是将两个处于八细胞期的胚胎融合，每个胚胎来自两个不同的亲代个体。胚胎的外膜被去掉以利于融合，而且这两个胚胎必须处于相同的分裂时期。与此不同的是**注射**方式获得"齐美拉"（Injection chimeras，图17）。将囊胚上的部分细胞分离下来，注射到另一个囊胚的囊胚腔内。在24小时内，注射形成的卵裂细胞形成一个细胞复合体。此时，这个改造过的胚胎就可以植入代孕母体内继续发育了。

到目前为止，科学家通过创造改造过的小鼠胚胎、观察其发育过程等方法来研究胚胎学、癌症和进化遗传学等领域的问题。山羊和绵羊的杂核动物也应运而生（图16）。这样一种非自然形成的融合胚胎，究竟能否应用在畜牧业上还有待观察。

图13 一头克隆的公牛。

将基因工程改造过的干细胞来注射形成融合胚胎是目前研究的热点。研究者将囊胚期胚胎的内核细胞分离出来，使其在培养基上生长。这样的细胞被称为**胚胎干细胞**（embryonic stem cell, ES cell，图17）。已经分化的细胞只能分裂或者停止分裂，但是它不能再分化为其他类型的细胞。神经细胞被认为是分化终端的细胞。但并不意味着它的寿命很短，相反，它可以存活好几年且功能不受影响。然而，干细胞则与众不同。从囊胚取出的胚胎干细胞可以分化成任何一种类型的细胞，这种能力称为**细胞多能性**（pluripotent）。但它不是全能细胞，因为它不能发育成一个完整的生物个体。外源基因可以通过细胞转染导入这些干细胞，几乎已知的所有DNA操作都可以在干细胞中进行。选择性地将转入了外源基因的细胞注射到囊胚

图14 2005年夏，当时最新的克隆实验获得成功——阿富汗狗Snuppy和它的供体（供体细胞取自于耳朵）。这项工作是由韩国科学家黄禹锡完成的，而后，他被证实人胚胎干细胞克隆存在部分学术造假，成为学术界一大丑闻。

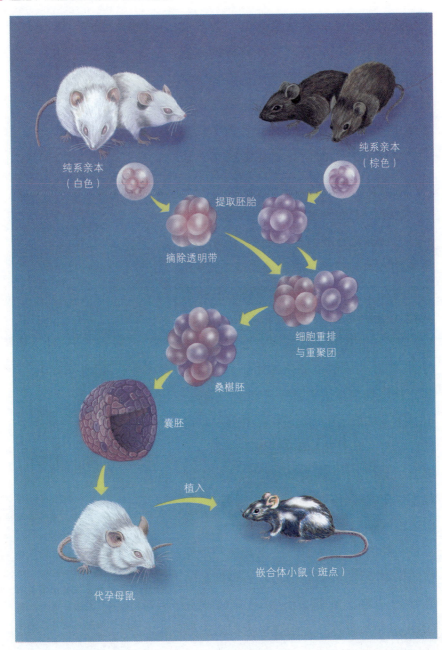

纯系亲本
（白色）

纯系亲本
（棕色）

提取胚胎

摘除透明带

细胞重排
与重聚团

桑椹胚

囊胚

植入

代孕母鼠

嵌合体小鼠（斑点）

图15 融合胚胎的制造过程。

是这一技术的最大优势，注入了外源基因的胚胎就是转基因胚胎，这就进一步加大了我们对胚胎的改造程度。桑椹期的胚胎细胞具有全能性，但是从囊胚期分离的干细胞只有多能性。

图16 山羊－绵羊杂交的"齐美拉"（嵌合体）。

关于离体培养胚胎的争论正愈演愈烈，因为即便是以治疗为目的培养的胚胎也可能被误用来培养克隆体。基因改造过的细胞注射到小鼠囊胚中，产生的融合胚胎拥有四个亲代个体（图17）。如果注射到白鼠囊胚的干细胞来自灰鼠（agouti 基因的表达使小鼠皮肤颜色呈现出灰色，即使单拷贝基因也有此功能），那么后代小鼠的皮肤颜色就可以用来鉴别其是否含有转化的干细胞。

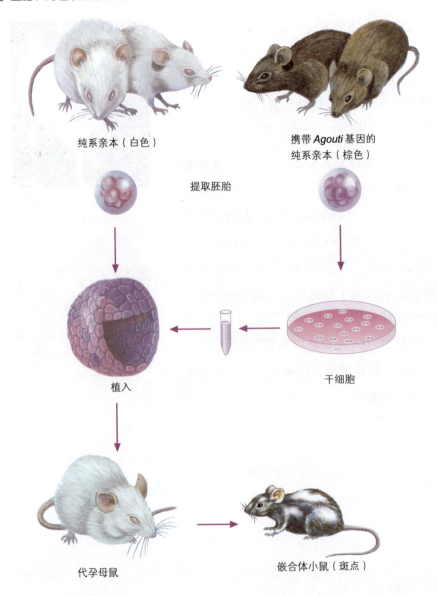

纯系亲本（白色）

携带 *Agouti* 基因的
纯系亲本（棕色）

提取胚胎

植入

干细胞

代孕母鼠

嵌合体小鼠（斑点）

图17 注射法获得"齐美拉"利用的是胚胎干细胞（ESC）。胚胎干细胞可以携带基因改造过的遗传物质。

■5 转基因动物：从巨型小鼠到巨型奶牛

和植物颇为类似的是，我们也可以将外源DNA导入到动物细胞，或者关闭动物细胞中固有基因的表达。新基因将传代下去，而这些**转基因动物**（transgenic animal）是生物技术最为立竿见影且影响深远的产物。

获得转基因动物的主要方法如下：

- **基因枪**（gene gun）：将吸附有外源DNA的"子弹"用基因枪打入动物细胞。

- **逆转录病毒介导的转基因**（retrovirus-mediated transgenesis）：用缺陷型逆转录病毒作为外源基因载体感染老鼠八细胞期的胚胎，这些逆转录病毒不能合成病毒外壳并且没有传染性。但该技术的局限在于它限制了外源基因的大小（小于8kb），因为载体容量有限。慕尼黑的研究人员通过这一技术已经得到了转基因的小猪，他们将慢性病毒载体带上绿色荧光蛋白基因（GFP）导入猪的胚胎（知识框3）。

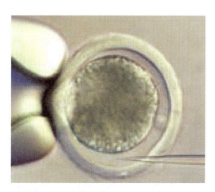

图18 显微注射。卵细胞被真空移液器控制，在显微镜下，显微操作器引导注射针尖插入细胞中的靶位点。

- **前核微注射**（pronuclear microinjection）：当卵细胞和精子结合成受精卵时，用显微注射的方法将外源DNA注入精子或者卵细胞的前核（图18）。这种方法不需要载体。

- **干细胞法**（ES method）：将囊胚内部的胚胎干细胞分离出来，然后和外源DNA混合。部分细胞将吸收外源DNA，我们称之为转化。然后再将转化后的细胞注射回囊胚腔。这项技术的应用最为广泛，它能得到"齐美拉"式的后代。因为干细胞和外源DNA混合时，只有部分细胞获得外源DNA，所以要到第二代才能找到具有完全转基因细胞的转基因个体。然后通过杂交可以得到纯合的后代。

- **精子介导的转化方法**（sperm-mediated transfer）：这种方法要应用连接蛋白将DNA分子和精子细胞连接起来。就像特洛伊木马一样，精子将外源DNA导入卵细胞。

1982年，Richard Palmiter（华盛顿大学）和Ralf Brinster（宾夕法尼亚大学）两位科学家创造了**巨型小鼠**（giant mouse，知识框1），这一思路对后人的工作具有极大的启发作用。两只小鼠都是两周大，一只44克，而另一只只有29克。它们的差别只是前者基因组中插入了控制生长素的外源基因，转基因小鼠的体重是非转基因伙伴的两倍！小鼠在生理上其实和人类有着惊人的相似之处，虽然猪和人的亲缘性更近，但是小鼠便于繁殖和管理，所以经常作为研究人类疾病的医学模型。将小鼠生长素基因导入未分化的小鼠卵细胞简直可以称得上是天才之举（知识框1和图20）。如果成功的话，这个基因就被整合到了小鼠胚胎的基因组里。这个基因和另外一个基因以及它的启动基因都紧密联系。最后，原来应该在大脑合成并严格控制产量的生长素却在其他组织（例如肝脏）里被合成了出来，而并不受脑垂体控制。最终产生了一个巨型鼠，体形是同龄正常小鼠的两倍。这个巨型鼠的后代同样表现出生长迅速、体形庞大的特征，表明外源基因是稳定地插入到了基因组里面。

知识框 1　巨型小鼠

　　小鼠（和人一样）生长素表达的基因通常只能被脑垂体所调控。生长素也仅在脑垂体合成并且被有调控地释放到血液中。因此，幼鼠的生长过程被精确地控制着。

　　Ralf Brinster 设计了一个巧妙的实验思路，使生长素的合成不受脑垂体的控制，而在身体其他器官里合成，比如说肝脏。这样可以显著地提高小鼠的生长速率。肝脏能合成一种称为金属硫蛋白的物质，这种物质能保护肝细胞免受重金属离子的伤害。而锌离子能引起该蛋白质的表达。能不能用这个蛋白质的基因将生长素基因导入肝脏细胞中表达呢？研究者根据这一思路将这两个基因和另外一个调控基因整合起来，这个调控基因可以诱导生长素基因和金属硫蛋白基因进行表达。这样，三个基因被一起导入小鼠的胚胎细胞。研究者希望，至少会有部分生长素基因在肝细胞中表达！

　　将基因导入细胞最直接的方法就是显微注射，将外源基因注射入卵母细胞的前核，使外源基因有可能整合到细胞基因组里面。这种导入技术对小鼠细胞非常奏效。首先，将生长素基因、金属硫蛋白基因以及可被诱导的启动基因一起插入到质粒上，然后将重组质粒转化到细菌中。细菌以数以百万计的规模复制。然后相关的 DNA 被限制型内切酶从质粒上切下，当然现在我们已经可以通过PCR技术直接扩增相关基因，但是当时 PCR 技术还没有发展起来。

　　用放大倍数为 100 倍和 200 倍的相差显微镜（这种显微镜可以看到细胞的立体结构）能清楚地观察到胚胎细胞。在授精完成的 8～12

小时后，胚胎细胞的前核清晰可见。而且受精卵的细胞核明显比之前的卵细胞的细胞核要大。用真空移液管的一端将细胞固定住，再用另外一个极细的针尖将50~500份基因拷贝注射到精子细胞前核中。这样一系列操作过程之后，大约能保证60%～80%的胚胎可以存活。

接着，将胚胎细胞植入代孕母体，然后逐渐发育成小鼠。当小鼠出生后，仍然让其与母鼠一起生活三个星期直到断奶。

新出生的小鼠就是转基因小鼠吗？它的基因组里面到底有没有插入外源DNA？在每一次细胞分裂周期中，这个外源DNA也复制了吗？

这些问题都将会得到解答。从小鼠尾巴提取组织细胞，然后用PCR检测，通常会有大约27%的后代插入了外源基因，并且外源基因得到了表达。这些基因都会从亲代稳定地传递给子代。

只要给这些巨型小鼠喂食少量的锌离子，它们的肝脏就会合成出金属硫蛋白和生长素，从而表现出非常强劲的生长势头。一旦启动了金属硫蛋白基因的表达，其他两个基因就会跟着得到表达。由于肝脏没有控制生长素分泌量的调控系统，所以生长素会源源不断地分泌到血液中，巨型小鼠旺盛的生长势头就会保持下去。

如今，已经有大约2000个转基因品种的小鼠可以用于研究，以它们为模型，我们可以进行人类基因组功能的研究。小鼠作为人类疾病研究的优秀模型，在关节炎、阿兹海默症以及冠心病等研究方面得到了应用。

Ralf Brinster 和巨型小鼠。

■6 牛和猪的生长素

牛的体重已经不是养殖业所担心的问题，虽然体积过于庞大不利于牛的圈养，但是牛的出生率、产奶量、产仔率以及抗病能力却是我们关注的重点。

现在，我们已经能够改变牛奶的营养成分了，这对于生产生活非常有好处。例如，我们希望在生产奶酪时，牛奶中可以含有更多的κ-酪蛋白，又比如有很多人消化不了牛奶中的乳糖，而通过基因工程改造生产出来的不含有乳糖的牛奶就会得到这类人的青睐（乳糖可以被牛乳糖酶所降解）。另一方面，我们希望牛能够抵抗细菌性乳腺炎，因为仅在美国，每年因为细菌性乳腺炎就要损失20亿美元。如果能有这样的特性，奶牛再也不用打预防乳腺炎的疫苗了。

对成熟后的奶牛进行生长素处理，会使它的产奶量增加10%～25%，而仅仅需要提高6%的饲料喂养量。换句话说，在投入成本增加不大的情况下，我们可以更多地增加经济收入。也有研究者说，更大幅度地提高饲料喂养量是必需的，所以在用生长素处理奶牛这一问题上还有一些争议。

即便不用生长素处理，奶牛在体质上也或多或少存在一些问题，用生长素处理之后，牛的健康状况可能会更差。就是否使用抗生素处理奶牛这一问题上，现在还没有定论，这样的尝试可能是一件"值得怀疑"的好事情，很多关于注射生长素的争论也未销声匿迹。不过，这一切有可能在近期停止，因为现在已经可以将生长素基因插入牛的基

因组中，来代替注射生长素这一办法，转基因牛和非转基因牛孰优孰
劣将很快见分晓。

　　生长素可以有效地控制猪多长瘦肉少长肥肉，所以在猪的生产上
显得应用价值更高。当然，少量的肥肉也可以增加猪肉的风味。通过
注射生长素这种简单方法对于控制猪的肥瘦肉比例可能不是很有效
果，而一些能持续数周释放生长素的药物才是最佳的选择。能否直接
使用基因工程的方法来得到瘦肉多肥肉少的转基因猪呢？相关基因的
转基因研究已经在小鼠体内取得了非常好的效果，但是在猪体内则不
尽如人意。虽然转基因猪的肥肉少，瘦肉多，但是这些转基因猪的肾
脏、皮肤以及关节都出现了问题。这些猪很多都是跛足的，而且生育
能力也受到了影响。在其他动物上的研究表明，转基因羊似乎没有什
么健康问题。现在，科学家正开展实验试图使羊奶中含有人类的蛋白
质（人类 VIII 因子和 IX 因子），一种类似于"基因药物"的想法。

■7 基因药物：奶制品和鸡蛋中宝贵的人类蛋白

在生物技术领域，产奶的小鼠已经俨然成为了一门产业。因为早在1987年，科学家就从转基因的小鼠奶中分离到了**人类组织血纤维蛋白溶酶原活化因子**(human tissue plasminogen activator, t-PA，图20)，t-PA能溶解心脏冠状动脉中的血栓，是一种非常重要的治疗心血栓的药物。该项研究思路就是把人类的t-PA蛋白基因注射到小鼠的卵细胞中，这样有一部分外源基因会插入到小鼠的基因组里面，从而用老鼠生产出 t-PA 蛋白。为了启动外源的 t-PA 基因的表达，研究者将小鼠体内很常见的酸性乳清蛋白启动基因和t-PA基因相连，使 t-PA 基因能够启动表达。正如预料一样，t-PA 蛋白在转基因小鼠的乳腺中特异地表达，并且分泌到乳汁中。而在转基因小鼠的血液以及其他组织中没有发现 t-PA 蛋白的表达（图20）。

图19 一升牛奶大约重1030克，其中含有3～8克的维生素和矿物质，15～35克蛋白质，50～70克乳糖，40克乳脂。在不久的将来，牛奶中的蛋白质可以作为药物治疗人类疾病。

其他一些蛋白质也可以通过同样的方法得到。这样，喂养小鼠这种成本低廉的"农场"就可以取代昂贵的哺乳动物细胞来生产基因工程产物。那些经过特殊筛选的高产小鼠一天可以生产四毫升的奶，而这些产奶机器也可以利用克隆技术在短时间内大量繁殖。

在20世纪80年代末期，荷兰的基因药物公司开始研究转基因牛胚胎，目的是得到转基因的牛，能大规模地从牛奶中得到人**乳铁蛋白**（lactoferrin）。第一步，改造2400个牛胚胎，然后将128个改造成功的胚胎植入代孕母牛体内。然而到了1990年，当小牛出生后科学家发现，它不是母牛，所以失去了产奶的价值。生下来的这头公牛叫荷尔曼

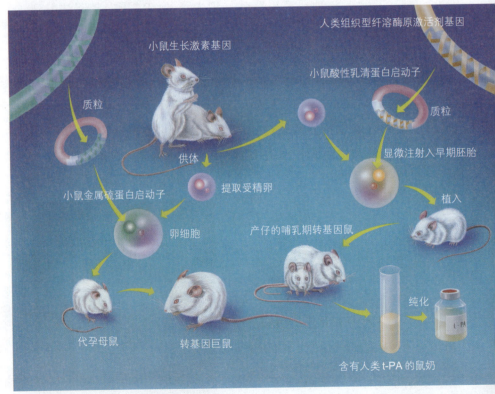

图20 左图是巨型小鼠的创造过程，右图是利用转基因小鼠制造人的血纤蛋白溶解酶原。

（Hermann），在1993年3月，荷兰政府通过决议允许用这头转基因牛的精子让正常的非转基因母牛受孕。于是在1993年底，荷尔曼的小牛犊降生了。在出生的55头小牛犊中，有8头是转基因的母牛。其中有三头母牛死亡，其余的5头于1995年春性成熟，然后用非转基因牛的精子使它们受孕。在1996年3月，荷尔曼的"女儿"们开始生产牛犊并产奶。其中有4头乳牛的奶中含有乳铁蛋白，浓度在0.3～2.8克/升。这些牛奶中的乳铁蛋白和人乳中的完全一样，能够提高人体对铁的吸收能力并抵御肠内感染。

图21 上图：克隆山羊。

下图：转基因牛可以将人类蛋白质分泌到它产的奶中。

相对于牛来说，羊（goat）似乎更适合作为基因工程的模式动物（图21），因为它们繁殖速度更快，而且饲养费用也很低。现在，羊奶中已经成功生产出了一种凝血因子，一百头羊便可以生产价值两亿美元的蛋白产品，听起来确实有点不可思议吧！

母鸡（chicken）一年大约产蛋250枚，一枚鸡蛋的蛋白中含有3～4克蛋白质，所以通过基因工程将鸡蛋中的蛋白质改造成我们需要的药物蛋白也是很有前景的工作。从鸡蛋中制备**单克隆抗体**（monoclonal antibody）已经获得了成功（见图22）。

图22 用转基因母鸡下的蛋来生产人胰岛素。

21

知识框2　生物技术的历史：第一个转基因宠物，*GloFish*®

最近，在美国非常流行养宠物鱼，这种通过基因改造的鱼在受到荧光照射之后能发出非常诱人的红光。这是全球首个通过基因改造得到的新式宠物。

自从二十年前将**荧光素酶**(luciferase)首次转到烟草细胞以来，生物学家们就对不可见光产生了浓厚的兴趣。当把荧光素酶的底物加入到转基因植株生长的罐子里面，植物就会吸收这种底物，发出略带微绿的黄光。这项研究倒不是想帮助农民朋友们夜间收割烟草，也不是想把烟草叶子挂到圣诞树上作为霓虹灯的替代品，而是把它作为一个指示物，以便观测外源基因在受体体内的哪个部分得到表达。

绿色荧光蛋白（green fluorescent protein, GFP）可以吸收紫外光，然后将其转化成低能量的光发射出来。在正常灯光的照射下，含有纯的绿色荧光蛋白的溶液会发出黄色的光，而经过阳光照射后就会发出

左图是新加坡研究者培育的转基因斑马鱼，他们试图用转基因的荧光斑马鱼来检测水中的重金属等其他污染物质，只要水体中含有这些物质，转基因小鱼就会发出荧光。右图是GFP蛋白分子模型以及它的生色基团。

绿光。不管什么样的蛋白质，只要和绿色荧光蛋白偶联后就会被检测到，比如可以用绿色荧光蛋白显示蛋白质在细胞内的转运过程，或者显示病毒在机体内的感染过程。只要将GFP基因和其他基因一起连到同一个载体上，用特异启动子诱导，就可以在任何地方表达并显示出来。

新加坡的研究人员试图将斑马鱼改造成一种特殊的鱼类，在胁迫环境下就会发出红色或者绿色的荧光，这样就能通过斑马鱼来检测水体中的重金属离子污染。

在中国的台湾地区和美国，这种转基因技术已经带来了巨大的商机。在美国，从 2003 年 11 月份开始，只要花五美元就可以买到一只能发荧光的斑马鱼——*GloFish*®。这样一个迅猛发展的宠物市场引起了学术界对于审核转基因鱼的广泛关注和讨论。随着美国食品和药物管理局（FDA）对 *GloFish*® 的审核通过，相关的讨论也逐渐销声匿迹了。FDA 的审查报告里这样描述："由于这些热带观赏鱼并不是作为食品上市，所以它们对食品安全并不构成威胁。没有证据显示这种改造过的鱼对环境带来了威胁，在美国境内合法买卖非转基因斑马

GloFish®——世界上首例转基因宠物，置于紫外光下就可呈现出赤红色。

鱼已经很久了，它们和非转基因斑马鱼一样安全。"尽管 *GloFish*® 的买卖已经合法化，而且受到了大众的认可，其他还有很多转基因鱼，比如转基因太平洋鳟鱼（转入了外源生长素基因），还在等待 FDA 的审核通过。

在很多还未曾涉及转基因技术的地方，外来物质的入侵已经给当地物种带来了毁灭性的打击。以尼罗河鲈鱼为例，当初鉴于对其经济价值的考虑，它们被放入维多利亚湖（位于东非高原）饲养，后来却导致了湖内的很多原有鱼类濒临灭绝，包括维多利亚湖中最具代表性的维多利亚丽鱼，严重破坏了维多利亚湖内的生态平衡。这种短视的轻率决定完全破坏了自然进化过程，在引入一个外来的竞争者之后，本地物种不可逆转地遭到了灭顶之灾。

美国普渡大学的研究者已经在转基因鱼领域研究了很长时间，他们发现一种日本鲑鱼的转基因品种比非转基因品种有超强的繁殖能力，转基因的雄鱼排出的精子比正常鱼多四倍以上。研究人员用电脑模拟了一下可能发生的情景：不超过五十代，转基因鱼就会让非转基因鱼彻底消失！目前，这些转基因鱼的数目已经远远超过了野生型

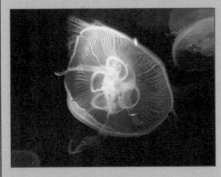

冷光海蜇。

鱼。不过庆幸的是，这种情况并没有发生在大西洋鲑鱼身上。根据维基百科（Wikipedia）网上的调查发现，*GloFish*® 在美国卖得非常火爆。经过三年的观测，这种转基因宠物鱼并没有给环境带来影响。Yorktown 的技术人员在推出了发红色荧光的"星火红"这一品种之后，在 2006 年又推出了发绿光的"电光绿"和发黄光的"太阳黄"两个新品种。这些品种都整合了海葵的基因。有趣的是，人们发现这些宠物鱼可以在鱼缸里或者其他人工环境下进行繁殖，尽管如此，宠物鱼爱好者们也不能将它们的幼鱼随意出售，因为这种行为被美国专利法明文禁止。

出于对转基因动物从严管理的目的，加拿大政府部门于 2007 年 1 月宣布禁止出售和饲养转基因宠物鱼。随后，*GloFish*® 在加拿大市场也销声匿迹了。加拿大政府部门认为没有足够的证据表明这种鱼对环境无害，它们可能会在一些温泉附近生长，从而破坏当地生态。众所周知，加拿大国土处于高纬度地区，根本没有发现过野生的热带斑马鱼，所以这项禁令遭到很多宠物鱼爱好者的非议。不仅如此，根据加利福尼亚州政府对加州环境质量法案的阐释，Yorktown 研究机构被州检察官勒令尽快停止对转基因的研究。这项研究花费资金巨大而且为期数载，最近，该公司在网站上声明他们已经停止了这项研究。在欧盟范围内，出售以及饲养这些转基因鱼都是被禁止的。但是，据说荷兰环境监察部门于 2006 年 11 月在一家宠物鱼店查获了近 1400 尾 *GloFish*® 转基因鱼。

■8 转基因鱼：从荧光鱼到巨型鳟鱼

图23 印度恒河流域的斑马鱼，现如今已成为生物研究领域炙手可热的研究对象（见知识框2）。

图24 老子又名李耳，中国古代思想家（公元前551～公元前479年）。

老子（图24）曾曰：授之以鱼，不如授之以渔。现在，人们对鱼肉的消费量与日俱增。每年有超过8千万吨鱼肉被人类消费掉，而且渔业资源也受到越来越大的威胁（图26），鱼肉产量也逐渐下降。能不能通过基因工程的方法生产一些体形庞大的鱼，从而改变目前渔业资源紧缩的局面呢？答案是肯定的。目前，全球每年养殖的鱼产量已达到4千万吨。有报道说，将鲑鱼的生长素注射到幼年的鳟鱼体内，后者可以长到正常同类体重的两倍。但是一条一条地注射生长素费时费力，很不经济，所以可以尝试通过基因改造来实现提高鳟鱼产量的目的。对于鱼类基因的改造显然要比对哺乳动物进行改造来得容易，因为鱼卵是在体外实现受精，受精卵也不需要在母体内发育。受精卵可以在水系（诸如海洋、湖泊、河流等）底部进行发育。所以，受精卵很容易收集而且不需要植入代孕母体。另外，与哺乳动物相比，此类研究不必设置繁琐的平行对比试验，从而缩短了实验周期。由于鱼卵比较大，注射生长激素就相对简单得多。据报道，转基因的太平洋鳟鱼能长到十倍于正常鱼大小的体重，个别转基因的鱼甚至达到了野生型鱼的 37 倍重（图 25）。

图 25 上图为野生型鳟鱼；下图是转基因的鳟鱼，体形非常庞大。

我们在对鳟鱼（trout）进行基因改造时不仅需要它长得大长得快，而且还要肉质鲜美。比如说，消费者喜欢吃粉红色肉质的鳟鱼，因为这样的鳟鱼是吃浮游生物长大的，营养价值高。在挪威，鳟鱼已经大规模养殖了，而且作为一种美味的食品逐渐登上老百姓的餐桌。现在，我们着眼的基因技术不但要继续努力提高产量，还要搞清楚特异基因插入基因组的特异位点，提高基因片断插入的精确度，降低外源基因在受体表达的难度。

在美国、加拿大、英国、挪威、日本等国的实验室里，已经有超过 35 种转基因鱼问世。最为重要的经济鱼类是太平洋鲑鱼，因为鲑鱼在全球范围内养殖范围最广，其次是鳟鱼和鲤鱼。而对于一些海洋鱼类，诸如鳕鱼、比目鱼、庸鲽等，研究者已经对它们进行了基因改造，将很快用于渔业生产。最近有很多研究都集中在淡水鱼——罗非鱼（Tilapia，图 27）上。这种鱼原产于非洲，是一种非常重要的热带经济鱼类，现在已经出口到了欧洲。

近期的一些比较商业化的研究主要集

图 26 人们用粗暴的捕鱼方法，比如用氰化物毒鱼或者干脆用炸药炸鱼，这使世界各地的珊瑚礁正遭受严重破坏，因为珊瑚礁附近有大量各式各样的鱼类。图为香港一个餐厅里面出售的各种鱼。

图27 罗非鱼（*Tilapia*）在非洲和约旦河等温水水系里生长。这种鱼也叫圣彼得鱼，它适应力超群，只要水体里存在有机物质就能很好地生长，而且生长迅速，不易致病，肉质鲜美。

中在增加鱼的体重（图29）。很多项目都处于起步阶段，距商业化应用还有很大差距，因为寻找一个能增加鱼体重的合适的基因还比较困难，而且将基因插入鱼基因组的技术路线还不是很成熟。现在，有很多尝试是将其他物种（其他种类的鱼、大鼠、牛等，甚至是人类）的生长素基因转到鱼体内。但实验证明，将目标鱼本种属的生长素基因转入到鱼基因组可能更实际，效果更好。例如，在对太平洋鲑鱼改造时，将大西洋鲑鱼的生长素基因转到太平洋鲑鱼体内，使太平洋鲑鱼一年四季都可以分泌生长素，改变以前只能在春夏两季生长的状况。这样得到的转基因鱼就要比非转基因鱼块头大，而且生长周期缩短，非常利于饲养（图25）。

网箱养鱼往往因为鱼群密度大，水体容易污染等问题导致鱼群发病，影响产量。所以，将一些抗病基因转到鱼体内可能是非常好的解决办法。一方面，我们可以寻找一些和抗病相关的基因来实现这一目的，另一方面，也可以提高鱼的溶菌酶的分泌量。

1974年在纽芬兰大学，年轻的副教授丘才良（Choy L. Hew，图30）意外地发现将一些冷冻过的鱼从冰柜取出后居然能复活。他立即宣布发现了**抗冻蛋白**（antifreeze protein），从此名声大振。随后，研究者找

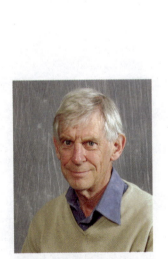

图28 英国南安普敦大学教授 Norman Maclean，他致力于转基因罗非鱼的研究。

到了编码这种抗冻蛋白的基因，并尝试将这个基因转到鲑鱼体内。他们希望鲑鱼获得了抗冻蛋白之后可以在更冷的水里养殖，以扩大鲑鱼的养殖范围。现在，丘才良在新加坡大学继续从事转基因鱼的研究。

图29 罗非鱼转基因型和野生型的对比照片。

一些生态学家则希望限制转基因鱼的饲养活动，因为根本无法保证转基因鱼不会从水箱里溜出来到野生状态下繁殖。要知道，当初将尼罗河鲈鱼引入维多利亚湖后，导致该湖原来一半的鱼类都灭绝了，所以这种担心不无道理。此外，生态学家还担心转基因鱼放入野生水体后，它们会和野生型的鱼交配，导致整个鱼种的遗传物质发生改变。最近，有研究专门针对这一情况，试图培育出不育的转基因鱼以消除隐患。

对于转基因猪或者牛来说，我们根本不用担心它们会逃到野外成为野猪或者野牛。因为在现代的工业化国家里，还未等到它们野化就被抓来吃了。但是在遥远的加拉帕戈斯群岛上，人们放养的野猪就会偷吃海龟的卵。以前，海龟唯一的天敌是海鸥，现在多了猪这个天敌后，海龟的生存状况就会很严峻。

在中国的台湾地区和美国，人们只需要花五美元就可以买到可以发出红色荧光的 GloFish® **转基因斑马鱼**（transgenic

图30 新加坡大学的丘才良教授，他致力于研究抗冻转基因鱼，现在和 Maclean 合作研究罗非鱼。

zebrafish）。这种鱼的基因组上整合了外源基因，来自珊瑚属珊瑚海葵的**红色荧光蛋白**（Red Fluorescent Protein, DsRED，见知识框2）基因。斑马鱼顾名思义，周身为黑色和白色条纹间隔，像斑马一样。但是这种转基因鱼却可以发出红色的荧光，十分好看。

新加坡大学的研究者改进了这种转基因鱼，使它们可以监测到水体污染情况。当水体里含有有毒物质时，鱼就会发出红色或者绿色的荧光。

ANDi是世界上第一个转基因灵长类——转基因猴子。它是2000年培育出来的，含有水母的基因。ANDi是"Inserted DNA"的逆序简写，意思就是插入了外源基因。绿色荧光蛋白基因作为报告基因用于显示外源基因是否被激活，外源基因成功地转入到猴子的基因组，但是并没有被激活表达。随后，在2003年，转基因的荧光猪问世了。生物学家Eckhard Wolf和药剂学家Alexander Pfeifer在慕尼黑共同培育出了30头能发绿色荧光的小猪。在这项研究中，水母的外源基因被连到了慢性病毒载体上（见知识框3）。该研究在生产基因药物方面有重要意义。

尽管基因药物在伦理问题上引起了一些争议，但是不可否认，这项技术确实有很大的优势，转基因得到的奶牛、绵羊等生产出来的特异蛋白已经给很多患者带来了福音。有很多基因药物都是通过牛、羊等动物的奶中得到的。这些药物可以从奶中分离出来用于治疗，患者也可以直接饮用这些奶制品。一头优质奶牛一年可以生产1万升牛奶，这些奶中的蛋白质已经足够满足整个美国对于治疗血友病的Ⅷ因子的需求了，因为全美市场每年也只需要120克左右的Ⅷ因子。遗憾的是，用这种方法生产Ⅷ因子蛋白尚未被FDA批准。

其他一些蛋白质药物，比如血纤蛋白原、血红素、促红细胞生成素、纤维蛋白原、白细胞介素2、生长素以及单克隆抗体等，在理论上都可以通过这种方法大量生产。我们可以用动物作为生产车间获取基因药物，也可以从植物组织分离基因药物，对于这两大方面的研究，科学家之间的竞争也愈演愈烈。

知识框 3　专家视角：**德国的动物克隆**

1998 年 12 月 23 日，Uschi 在慕尼黑诞生了，它是欧洲第一头转基因牛。和多莉（Dolly）一样，Uschi 也是来自于成体动物细胞的克隆。

什么是核转移克隆？

核转移的基本方法很容易理解。简单地说，就是将供体细胞核导入去核的卵细胞中。然后一个特别的胚胎就产生了。Uschi 和 Dolly 胚胎的特别之处在于它们胚胎的细胞核来自于哺乳动物的腺体细胞。核转移之后，发生了一系列令人啧啧称奇的事情，这对于动物育种专家来说还无法完全理解。此时，这个特别的细胞核通过重新编码过程去除了哺乳动物腺体细胞的功能。遗传程序只是被暂时中止，可以再通过复杂机制激活。通过人工手段，让融合在一起的卵细胞质和细胞核开始作为一个整体运转，功能如同受精后的卵细胞。能否形成这种具有类卵细胞功能的合子细胞就是核移植成功与否的关键点。

细胞生物学的教条被推翻

爱丁堡附近的 Roslin 研究所的科学家们第一次证明了在一定条件下，成体动物的细胞同样可以用于核移植。这个实验似乎颠覆了"个体只能由胚胎发育而来"的传统观念。实验结果受到许多知名学者的怀疑，这也是意料之中的。同时，在不同动物物种中相继成功的重复实验使这些怀疑烟消云散。与日本、美国、新西兰等国的研究团队相比，慕尼黑的研究团队早在 1998 年就成功地进行了成体细胞的核移植

Uschi 是欧洲的第一头克隆牛。

克隆。在93个成功融合的卵细胞中，有32个发育成了合胞体——可植入代孕母体的胚胎。其中有4个合胞体植入了两头代孕母牛。两头母牛成功妊娠，但是其中一头在怀孕5个月之后流产，流产下的小牛并没有异常表现，但是胎盘显示母婴界面出现中断情况。另一头受孕母牛继续正常妊娠，并最终产下小牛Uschi，德国的第一头由成体细胞获得的转基因牛。Uschi生长情况正常，并产下了自己的两头小牛犊。

生殖生物技术：快速育种的关键

在过去，所有关于特征遗传的知识都来源于表型，即动物的一些显而易见的特点。现在，我们通过基因工程手段可以直接获得遗传物质。基因组分析使我们更好地理解遗传物质的结构和功能，也可以鉴别并选择相关遗传特征用于育种。不过这只是一方面。为了充分利用直接鉴定基因型的优势，必须要提高用于育种动物的繁殖成功率。在牛的育种实践中，20世纪60年代建立起的人工授精技术使繁殖严格选择的优质公牛成为可能。胚胎移植作为一种生物技术方法包括用激素增加有遗传价值的供体动物的排卵率，以获取胚胎并将其移植入受体动物。然而，这种传统方法是非常耗费劳动力和资金的，而且成功率也不是很高。所以，备选的其他技术或者互补的技术也很受欢迎。

为了能让牛胚胎在体外生成，我们需要从肉牛卵获取卵细胞。这些卵细胞需要在培养基中培养，直到成熟。然后进行授精并继续培养6~8天，以做好移植前的准备。牛胚胎的体外生成技术在实践中推广很快，因而可以用来保护那些有价值或者濒危的动物。特别是当动物由于年龄或其他原因要被屠宰时，譬如2001年在英国发生的口蹄疫。人们从母牛获得了越来越多的卵细胞，并将它们用于胚胎体外生成技术。获取大量的卵细胞是增加有价值物种动物数量的重要方法。

克隆：动物繁殖的生物技术前沿方法

克隆技术仍然处于基础研究阶段。在常规手段用于动物繁殖之前，我们需要尽可能地窥探其中的生物学机制，从而解决在受孕或克隆牛过程中出现的问题。现在，研究主要集中在供体细胞核和受体卵细胞的同步化上，同步化可以确保遗传过程发挥功能。其他一些研究则集中在牛胚胎培养条件的优化上。核移植克隆是与基础研究相关的技术，但是，它无疑为我们展开了一幅新的前景，甚至是革命性的技术。克隆涉及的复杂重排机制激起了全世界研究机构的竞争。核移植产生的克隆为研究渐成说理论提供了非常好的模型。

在生物技术领域，克隆是基因定向转移的最高形式。到目前为止，在用于农业生产的动物中使用的基因转移技术涉及将多拷贝遗传物质注入受精卵。这个方法效率比较低，只有少部分的卵细胞基因组才能被注射的外源基因插入。为了产生一到两头含有靶基因的或者基因修

Alexander Pfeifer 教授。

用慢性病毒作为载体转入了 GFP 基因的小猪会发出绿色的荧光。

饰后的牛，通常需要注射数百个受精卵。

如果克隆是一个备选方法，那么基因转移就可以通过细胞培养实现。先将稳定插入了基因的细胞筛选出来，再将它们的细胞核转移到去核的卵细胞中。当形成有存活能力的核移植胚胎后，就可以将其植入受体动物，并最终发育成转基因牛。

利用做过定向克隆的细胞进行猪的克隆，对于生产用于异种器官移植的猪是非常关键的。比如说，我们可以除去猪细胞表面的糖链，这些糖链会导致受体动物对猪的组织产生强烈的排斥反应。然而，这只解决了排斥反应的第一步。为了确保异种移植体的长期存活，需要综合运用多种手段培育出多种转基因猪。我们已经拥有了用于该研究的有效方法。

移植医学获得的成功

在慕尼黑药学院的 Alexander Pfeifer 协助下，我们成功地将外源遗传物质插入到了更高等的哺乳动物基因组中，培育出了荧光小猪。外源遗传物质的载体是一种病毒载体，它可以穿透哺乳动物的细胞。

在这头荧光猪中，外源遗传物质是编码绿色荧光蛋白（GFP）的基因。之所以选择GFP是因为它非常适合作为标记。在大量出生的小猪中，这个活性基因可以在所有的组织甚至其后代中发现。这使得我们向更长远的目标迈出了坚实的一步。这个目标是将带有目的功能的基因定向插入到饲养的动物体内，并利用转基因动物为人类提供更好的可移植器官。通过对每个受体的遗传物质进行定向转移，可以增强免疫相容性。

到目前为止，将外源基因插入高等哺乳动物细胞的方法效率较低，遗传物质通常使用显微注射这种事倍功半的方法来实现。就目前来看，把病毒作为载体携带外源基因是一种非常有潜力的方法。因为病毒可以穿透细胞，并将它们的基因同外源基因一起插入到被感染的细胞基因组中。但是，由于病毒的遗传物质被哺乳动物细胞沉默并不再被活化，这种方法也经常失败。

然而，Pfeifer教授和他的研究小组利用前沿的病毒技术解决了这个问题。他们用慢病毒感染一细胞期的猪胚胎。总共有46头小猪出生，其中有32头小猪有GFP基因，成功率达到了惊人的70%。最后有30头小猪体内的GFP基因有活性，占携带外源基因个体的94%。除了各种组织，配子细胞里面也发出了绿光，而且还将该基因传递给了它们的后代。

进一步的实验用来证明是否可能只在猪的某些组织中特异地激活外源基因。GFP基因再一次被引入胚胎，但是这次在它前面连上了一段人类基因，这段基因与人皮肤细胞的一个基因活化有关。GFP基因在小猪的所有组织中都有发现，但是只在皮肤细胞中激活。相同的技术在牛的实验中也获得成功。

出于治疗目的和生殖目的的克隆研究

慕尼黑大学的 Eckhard Wolf 教授，他主要从事动物分子遗传及相关生物技术的研究。

现在，用于治疗和生殖目的的克隆成了全球范围内激烈讨论的话题。在我看来，这两者不能独立起来，因为两者在合胞体（受精卵形成 7 天后的胚胎）发育完成前经历了相同的阶段。两者的分歧主要出现在如何处理这些胚胎干细胞的问题上，是将它们培养成为多能干细胞，还是将其植入处于育龄妇女的体内？这才是关键点，因为一旦移入了母体子宫，胚胎就应该看作是一个人了。

尽管在评判标准中会出现非典型的案例，但是有判断力的立法机构肯定会处理好这两种克隆。从长远来看，我相信目前对治疗目的的克隆开展的研究，为生殖目的的克隆奠定了基础。我也确信在不久的将来，一些生殖医学领域的科学家们会要求把生殖目的的克隆重新界定为用于治疗不孕症的治疗性克隆。

我拥护对治疗性克隆的禁令，因为这种事件在德国确实存在，而它应该在其他所有的细胞替代治疗都无效的情况下才能保留使用。

■9　基因敲除小鼠

小鼠每胎可以生产3～8个幼鼠，一年可以生产8次。小鼠出生4～6周之后就性成熟了，每只寿命为两年左右。也就是说，一只小鼠在整个生命周期里可以繁育150只幼鼠，其生育能力让人叹服。这一特点使小鼠成了一个非常好的实验材料。

基因敲除小鼠（knockout mouse，见图31）问世之后引起了学术界甚至是整个社会的广泛关注。因为在人类免疫缺陷症、癌症、高血压等人类疾病的研究方面，基因敲除小鼠的确作出了巨大贡献。有超过5000种人类疾病都是由基因缺陷引起的。小鼠99%的基因和人类相似（有对应的同类基因，但不是相同的基因），基因打靶可以通过特异的关闭某个基因的表达来观察表型上的变化，进而推断该基因的功能。所以，可以看出基因敲除小鼠对帮助我们认识人类基因功能有非常重大的意义。

将处理过的丧失了功能的基因转入到小鼠胚胎干细胞，这个外源基因就会和小鼠染色体上相对的同源基因发生同源重组。然后将这些改造过的干细胞注射到小鼠早期胚胎，期望彼此能够整合在一起。然后将胚胎植入代孕母体。生产下来的幼鼠就可以检测是否是基因敲除了的小鼠。在这一代的小鼠中，每只都有两个基因拷贝，一个是正常的基因，另一个是丧失功能的基因，也就是说这时的小鼠是杂合子。通过和其他杂合子个体杂交，后代可以分离出纯合子个体。通过检测

图31 基因敲除小鼠。

蛋白质的表达情况来确定纯合的基因敲除小鼠。只需要两个世代的杂交，就可以分离得到稳定遗传的基因敲除小鼠了。

在**人类囊性纤维化病**（human cystic fibrosis）研究方面，基因敲除小鼠作出了很大的贡献。囊性纤维化病在欧洲和中欧犹太人中发病率很高，是一种遗传疾病。大约每2000个新生儿就会有一个患上此病。而20个人里面就会有一人携带这种缺陷基因。患者的肺部会阻塞许多黏液，呼吸变得困难而且肺部易受感染。目前对此病仍然没有根治的方法。基因敲除小鼠在研究人类癌症方面也非常有用。

■10 异种移植

目前，全球对器官移植的需求正在稳定增长。在美国，65岁以下的人群中有4.5万名患者等待心脏移植。而只有2000个配型合适的捐赠心脏可以使用。需求在逐渐增加，然而愿意捐赠心脏的人数却不再增长。在这种情况下，从动物体内获得**异种器官**（xenologous organ）或者通过组织培养生成器官有可能成为一种可行的办法。

由于身形、生理和解剖学的原因，猪成为最适合为人类提供移植器官的动物。然而，我们需要解决的主要问题是**免疫排斥**（immune rejection）。和其他所有异源分子一样，猪器官表面的抗原会与人类抗体发生反应。因此，通过基因工程的手段使免疫系统不识别猪器官表面的抗原就显得十分重要。

1992年，诞生了第一只转基因猪——Astrid。转基因猪能产生人体免疫防御调节因子，这些因子可以防止移植器官被识别为异源器官。由苏格兰PPL治疗公司为异种移植特别培育的第一代转基因猪体内的α-1,3-半乳糖转移酶（一种在猪细胞膜上修饰糖基的重要酶）基因被沉默了。糖基在免疫应答中起重要的作用。它们的缺失增加了移植器官不被受体排斥的机会。非转基因的对照组心脏在几分钟内就受到受体免疫系统攻击，与此相比，转基因猪的心脏在灵长类动物体内存活了30~60天已经算是成功了。这些受体都被给予了额外的环孢菌素作为**免疫抑制剂**（immunosuppressant）。然而，异种器官移植存在这样的风险，对动物无害的病毒（如猪内源逆转录病毒，PERV）可能通过器官移植传染给人类，并且使人致病。

通过基因敲除，无法合成猪胰岛素的猪可以生产人类胰岛素的胰岛细胞。这些细胞可以移植给人类用以治疗重度**糖尿病**（diabetes）。

组织工程（Tissue engineering）的风险似乎更小。在营养液中，我们可以在聚合物上培育鼻、软骨之类的细胞。为了避免免疫排斥的问题，被培养的细胞需要来源于受体，这些细胞可以被改造并用于美容手术植入鼻子，塑造更好的鼻子轮廓。

我们可以再生耳朵吗？目前还不能利用组织工程技术再生耳朵。然而，科学家们正在朝这方面努力。现在可以使软骨、硬骨、肌肉再生，并使这些组织类型形成有序的、具有功能的器官。那是研究者下一步的任务了（图33）。

图32 用于异体移植的转基因猪。

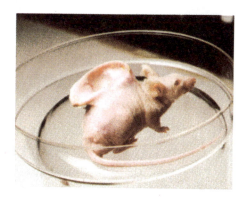

图33 让我们回到1997年，一张相当奇异的照片突然变成全世界关注的焦点。在图片上，一只全身无毛的小鼠，背上出现了一只人类耳朵。这张图片引起了一场反对基因工程的大讨论。但是澳大利亚最著名的科学家说这绝对没有应用基因工程技术（参见 *www.abc.net.au/science/k2/aboutkk.htm*）。

在1997年8月，Joseph Vacanti 和他的同事在 *Plastic and Reconstructive Surgery* 杂志上发表了他们突破性的论文。公众对此反响很大。"鼠耳"工程开始于1989年，当时，Vacanti 打算在生物降解的框架上培养人的软骨组织。这种框架所用的材料PLA（99% 聚乙醇酸交酯和1% 羟乙酸乳酸聚酯）与溶解手术缝合的材料相同。

8年后，Vacanti 的研究小组已经可以把无菌的可降解物质塑造成3岁儿童耳朵的造型。下一步需要做的是将牛膝盖的软骨细胞植入到框架上。小鼠是干什么用的呢？它是用来为软骨生长提供营养和能量的。研究组使用的是裸鼠。裸鼠名字的由来是因为20世纪70年代的一次随机突变，这次突变使得小鼠全身没有毛发。更重要的是，它们没有免疫系统，所以不会排斥外源的软骨细胞。由软骨组成的耳朵植入小鼠皮下。3个月之后，小鼠长出了额外的血管来滋养软骨细胞。这些细胞生长并渗入到可降解的框架（具有人耳朵的外形）之中。随着框架被分解，软骨具有了足以支撑自身重量的强度。

这个酷似人耳的软骨结构决不会植入人体。因为它是由牛细胞组成的，会受到人体免疫系统的排斥。

■11 克隆：双胞胎的批量生产

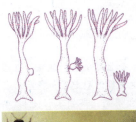

蜂后 Queen　雄蜂 Drone　工蜂 Worker

图34 水蛭可以通过出芽生殖来繁衍生息，而雄蜂是单性生殖产生的。

克隆这个词早已经深入人心，尽管在希腊语中"*klon*"本来是幼芽或者嫩枝的意思。花匠在培养扦插植物或是在做果树嫁接时，就是在进行克隆了。生物学家称其为无性繁殖。蚜虫是克隆的大师，雄蜂也是由未受精的蜂卵发育而来的（图34）。

物种发育程度越高，**无性繁殖**（asexual reproduction）的能力就越差。人们推测这是因为在需要适应环境条件时，有性繁殖具有更大的优势。性别分化模式是生存竞争和适者生存的结果。同时，随着配子的形成，遗传物质得到了重排，从而产生无限多种的可能性，以便保证总会产生足够灵活以进一步适应生存环境的个体。而克隆却没有这样的灵活性。显而易见，有性繁殖促进了变异和选择，而根据达尔文（Charies Darwin）和华莱士（Alfred Wallace）的观点，变异和选择是进化的重要因素。然而，这并没有排除有性繁殖产生基因相同个体的可能性。人类新生儿有0.3%是同卵双胞胎。

根据生物伦理学教授Jens Reish（图53）的观点，在遗传学上，克隆只不过是延迟一段时间出生的双胞胎。

知识框4 生物技术的历史："克隆史"

在 Hwa A. Lim 的著作《性是如此美妙，为何要克隆呢？》（*Sex Is So Good, Why Clone?*）中，作者把克隆技术的发展称为"克隆史"（Clonology 是 Chronology of Cloning 的简写）。克隆的历史可以追溯到德国胚胎学家 Oskar Hertwig（1848～1922）进行的孤雌生殖实验，他用番木碱或者氯仿处理海胆卵，使其在未受精的情况下开始发育。Jacques Loeb（1859～1927）在三年后重复了这个实验。1900年，Loeb 用针挑出未受精的蛙卵，并且中断它们的胚胎发育。到了 1936 年，Gregory Goodwin Pincus（1903～1967）利用温度刺激启动胚胎发育。直到2002年，美国先进细胞技术公司（Advanced Cell Technology）的 Jose Cibelli 报道了首例灵长类动物的孤雌生殖动物：一只名叫 Buttercup 的猕猴。

1972 年，斯坦福大学的 Paul Berg，Stanley Cohen 和 Annie Chang 以及加州大学旧金山分校的 Herbert Boyer，Robert B. Helling 等人在基因克隆上取得了巨大的成就——将外源基因插入细菌内，该基因进行了数百万次的复制，即拷贝（或者说克隆）。1976 年，圣地亚哥 Salk 研究所的 Rudolf Jaenisch 把人类DNA注射到刚受精的鼠卵细胞中，获得了基因组上带有人类 DNA 的小鼠。这些小鼠后来又把其遗传物质传递给子代。转基因小鼠从此诞生了！

两年后，1978 年 7 月 25 日，Louise Joy Brown 出生了，她是第一个试管婴儿。英国医生 Bob Edwards 和 Patrick Steptoe 作为人类体外受精之父而被载入史册。1983年，Kary Mullis 发明了 PCR 技术，这种技术可以合成数十亿的 DNA 和 RNA 分子拷贝。

43

克隆向来都是一个极富争议性的话题。

Steen Willadsen 在 1984 年利用未成熟的羊胚胎细胞成功克隆出了羊羔。一年后,他来到 Grenada Genetics 公司继续进行商业克隆牛的研究。动物由胚胎细胞发育而成,然而由于有性生殖,亲本双方的遗传物质还是受到了限制。1995 年,Ian Wilmut 和 Keith Campbell 让绵羊的胚胎细胞经过休眠期后,将它们的细胞核植入到绵羊去核细胞中,随后,著名的多莉羊诞生了。

1998 年,夏威夷的 Teruhiko Wakayama 发明了著名的"檀香山技术",产生了许多代基因相同的老鼠。在日本的近畿大学,研究者用一头牛克隆出了八头牛犊。同年,在德国诞生了克隆牛 Uschi。随后一年,韩国科学家用不孕妇女的细胞克隆出了一个胚胎,并且发育到了四细胞期,该实验后来因为伦理和法律原因被终止了。与此同时,美国德克萨斯州 A&M 大学用一头 21 岁的婆罗门牛"Chance"克隆出了小牛"Second Chance",这也是目前被克隆的最老的动物。在 2000 年,雌性猕猴 Tetra 被克隆出来;同年,在日本和苏格兰,克隆猪已经问世了。

Steve Stice 于 2001 年把牛的克隆成

Paul Berg 是第一个实现基因克隆的研究者,于 1980 年获得诺贝尔化学奖。后来,他呼吁暂时停止克隆实验,以使 DNA 实验受到监管。

功率提高了三倍，他用皮肤细胞和肾细胞作为克隆的材料，并第一次利用死亡48小时后的母牛细胞成功克隆出了小牛。2003年，意大利研究者用哈弗林格马的皮肤细胞克隆出了第一匹克隆马，名叫Prometea。

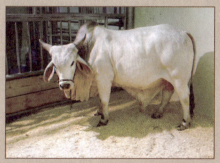

上图：克隆猪。

下图：Chance 二代，这只婆罗门公牛是由公牛 Chance 的一个细胞核克隆而成的（公牛 Chance 实际上是一只做过睾丸切除术的不育牛，已有21岁）。

■12　青蛙和蝾螈的克隆

德国动物学家 Hans Spemann（1869～1941）用蝾螈胚胎做了以下实验：把受精卵（合子）人为地分成两部分，这样处理之后，含有细胞核的一边开始分裂。然后把已经分裂的细胞中的细胞核移入另一边未分裂的细胞质中，这边也开始了分裂。这种过程被称为"延迟成核作用"，两边均可以发育成完整的胚胎。这个实验促使他设计进一步的实验：发育完成的体细胞核应该也可以促进正常的合子发育。在1935年，他成为第一位获得诺贝尔生理和医学奖的动物学家（图35）。

现在，根据他的建议，我们进行了去核卵细胞的核转移实验。这个实验首先是由费城肿瘤研究所的 Robert Briggs 和 Thomas King 于1952年完成的。他们先用紫外光破坏了刚受精的卵细胞的核，然后植入豹蛙的合胞体细胞核。合胞体是充满液体的空心球体，含有大约100个细胞，这个合胞体往往是很脆弱的。被活化的卵细胞开始转变为一个"没有父亲的蝌蚪"。但是，当胚胎细胞发育到原肠胚或者神经胚阶段的时候，这项技术就起不到作用了，同样，在成熟的体细胞中它也无法运用。英国生物学家 John Gurdon 在20世纪60年代用非洲爪蟾（clawed frog）所做的实验引起了广泛的关注。他用毛细玻璃管挑取蝌蚪的肠壁细胞，然后真空吸得这个二倍体细胞的细胞核。再用这个毛细玻管刺破爪蛙的卵母细胞，把刚得到的肠壁细胞的细胞核输入到这个卵母细胞里面。

没有受精的单倍体卵细胞的细胞核只含有一套染色体。它的细胞核要通过紫外照射被干扰破坏，或者通过真空萃取被彻底破坏。在这个实验里，没有其他方法能够识别 DNA 片段。

这个实验所取得的成功是有局限性的，因为只有很少的被重组的二倍体卵细胞能够像受精细胞那样，通过细胞分裂形成蝌蚪，然后发育成为健康的爪蟾。实验过程中还出现了很多不同形状或者有病变的个体，但这个工作在理论上证明了已分化细胞的细胞核全能性。持有反对态度的评论人提出肠细胞还不算彻底分化的细胞。因此，John Gurdon 又用一只成熟爪蟾的脚掌细胞重复了这个实验。他通过"连续克隆"获得了大量的成熟个体。

连续克隆（serial cloning）是将细胞核转移到去核的卵细胞中，然后等它发育到囊胚期时，再转移到去核的卵细胞里。克隆羊多莉主要就是运用这种细胞核处理程序。这样看来，只有外部试验条件达到一定的程度时，DNA 才能解聚进行转录。转移实验证明成熟体细胞的细胞核包含有构建一个完整个体的全部信息——在条件正确的情况下——并能启动发育过程，使体细胞发育成完整的个体。但遗憾的是，这个复杂的过程通常是以失败而告终。

图35 Hans Spemann（1869～1941）。

知识框5 生物技术的历史：克隆羊多莉

超级明星多莉。

很少有谁的"出生"使整个世界的媒体都如此关注，但是，她做到了。她的到来引起了世界的轰动、无尽的幻想、争论，还有超级的炒作。她为各种杂志摆姿势拍照，变成一个"封面上的美丽女郎"，甚至吸引了克林顿的目光。电视节目、漫画、戏剧都因她的故事被赐予无穷的创造力，广告商们趋之若鹜地拍着她的照片、寻找着她的图像。她的名字，似乎成了那时候每个人挂在嘴边的话题。那些最接近她的人说，这些关注并不只局限于她的头部，而她很快就开始摆架子了。

她的受关注度也没有在成为母亲后而下降，甚至当她拥有6个小宝贝需要照顾时，她依然是新闻中的热门人物。但是，和其他飞来飞去的国际明星们一样，巨星有时候也是会陨落的。她患上了咳嗽，身体每况愈下。在几周后，她过早地逝于肺癌，尽管她从不抽烟。她的离去完结了一个伟大的生命。但是，她不是一个普通的女歌手，她是一只绵羊。

绵羊多莉的生命不但让媒体忙得不可开交，而且她的故事既是科学上也是历史上一个很重要的部分。1996年7月5日，在靠近爱丁堡的罗斯林研究所出生的多莉标志着人类生物控制史上新纪元的到来。在团队的共同协作下，我成为第一个扭转细胞发育进程的人，正常情况下，胚胎细胞会分化成为机体所有200多种类型的细胞。

我们不得不推翻之前人类在生物学上的见解：自然界中的生物发育总是沿着一条途径——细胞在各个组织中的差异就像大脑、肌肉、骨骼、皮肤各不相同一样。但是，这些不同的细胞都是从受精卵分化出来的。在多莉出生以前，我们总认为相关DNA编码的一个细胞，它只属于皮肤组织而不是大脑、肌肉或者其他部位。这个过程的机理是如此复杂、过程是如此迅速，想要对它进行调控和改变，几乎是不可能的。不过多莉的到来，使这个深入人心的定理被推翻了。她是第一只从成熟的体细胞中克隆的动物——这是一项伟绩，有很大的实际应用潜能，也同样引发了深远的道德和伦理问题。

克隆这个词，来自希腊语"twig"，表示一系列相同的实体。就多莉而言，遗传上她应该和那只提供体细胞的，被克隆的六岁绵羊差不多。然而细胞核是被移入到另一只羊的卵细胞，然后再转移到第三只绵羊的子宫里，之后，再转到第四只羊体内得以发育。因为这个过程开始于一只叫做多莉的老母羊的乳腺细胞——在这里向体形丰满的美国歌手Dolly Parton表达我们诚挚的谢意。

Megan和Moray，它们是第一次从培养的胚胎细胞克隆出来的绵羊。

现在，人们可以理所当然地认为：克隆动物不再是什么异想天开的事了，多莉羊的出生震惊了公众，使人们认识到在没有性行为的前提下也能创造出新生物。同样，这也轰动了科学界，科学家们总认为这样或者那样的步骤是不具有生物学可行性的。但是，在多莉面前，他们的顾虑失去了意义。一些自命不凡的人甚至说多莉违反了自然界的法则。不过，恰恰相反，她是在揭示而不是违反这些法则。她强调在21世纪或者更远的年代，人类挑战自然的"野心"只会取决于生物学还有科学家的是非观。

尽管我们创造了多莉，但并不幻想变出满屋子的克隆动物或者创造一大堆相同的绵羊，让我们数着数着就能坠入甜美的梦乡。我们也不期望帮助女同性恋们"复制"自己而不依靠于精子库的帮助，也不盼望创造更多的电影巨星。当然，我们也不会"复制"那些独裁者。多莉羊的故事不符合好莱坞电影的传统剧情模式：在个人意志支持下抗争各种怪事怪物，然后在抗争中实现个人梦想；陌生的事物总是在风雨交加的夜晚在地下实验室里出现，或者在苏格兰简陋的实验室里，一群不修边幅满脸胡须、生活拮据的"弱势劳工"，怎样去夺取在北美设备一流的实验室里，那些骄傲、面容光鲜的科学家们应该得到的关于克隆方面的成就。

的确，我的团队有资格炫耀他们为此辛劳的面容和头上久久未理

多莉躲避狗仔队。

的长发。但这是需要某些特别的因素才能达到最后的成功，比如说，一点点意外发现的科学事实。拥有相应技术手段的某一群人会懂得在一个合适的时间来到一个合适的地方——罗斯林分子生物研究所、Haystrewn粮仓、为实验更新的设备器材，不管是为牲畜还是为细胞做的准备。

多莉的故事如此瞩目，当然还有其他的原因。科研竞赛总在角逐着成果和奖项，如詹姆斯·沃森在"双螺旋"中生动描述的那样。但是，这个定理不适合我们的研究。我们的出发点仅在于纯粹的好奇，尽管我们知道这在科研和农业上都会有很好的实际运用。在每个政府实验室，科研是很拮据的，因为科研经费总是不足，现在的情况似乎更糟糕。当科研组织正遭受削减经费的"磨难"时，多莉羊出现了，不过政府也恰恰削减了我们在这个项目上的经费。在PPL机构的帮助下，我们成功地创造了多莉。但我们并不是朋友，而是竞争对手，因为实际上我们只和PPL治疗中心共享了一些基本信息而已。研究团队是我和Keith Campbell共同带领的。Keith Campbell，细胞生物学家，比我小10岁。他曾经致力于研究细胞周期而且获得了不错的进展。我们能够在一起如此有效率地工作是令人吃惊的，因为我们彼此都不喜欢受制于他人。他在细胞方面积累的知识和见解为我解开了一些科研迷思，弥补了我在一步步实现克隆牲畜这个目标过程中的一些不足。我构思了这个计划，但

现在，多莉珍藏在位于爱丁堡的中心地区Chambers路的苏格兰国家博物馆。

必须感谢 Keith 的激励让它得以成功。

正是罗斯林这个地方，而不是其他机构，在那些艰难的日子里，让我们坚持了下来。Keith 和我才能让实验室工作完整有序，才能让大家接着讨论有关克隆的细节。我们为科学而振奋。但是，我们不能像沃森和克里克那样，在与对手的比赛中前进。我们有不同的工作方式和不同的见解，而且我们也不是那种善于社会交际的人。

我们共同的目标，就是找到某些方法，它们能够使核转移的绵羊发生遗传上的一些变化。

表面上看来，用来创造具有相同遗传特性后代的方法也能用来创造遗传特性略微改变的个体，这似乎看起来有些矛盾：在细胞选择上，从那些导致遗传试验失效或者失败的成千上万的细胞里选择一个能够让遗传试验成功的细胞，再用来克隆一个完整的动物是比较好的。对于以前我们不断将一个个胚胎细胞注入到一只只绵羊体内，而不清楚每个胚胎细胞是否改造成功的拙劣方法，上面的方法具有很大的优越性。因为在克隆方面进展比较顺利，克斯林委员会提供给我们两万欧元用来做更多的实验。当然，在先前试验的条件下我们还是选择绵羊作为实验对象，这也意味着不得不面对那些臭名昭著的生产问题（牧羊人说绵羊们成天梦想着新花样升天）。

这样，我们还得受制于它们的产期。这意味着在绵羊交配和怀孕的冬天，将会有繁重的工作。关键问题在于，绵羊很便宜。当时，市场上的一只羊比在顶级宾馆里的一瓶矿泉水还便宜，大约只有一头奶牛价钱的百分之五。不过，我们相信对羊适用的克隆和胚胎学方法，也同样适用于牛。于是，羊就像便宜的小奶牛吧。这看起来好简单！我们能运用胚胎系统的特定细胞进行克隆。它们在实验室里生长，但仍然保持着胚胎细胞的许多特性。这让我非常乐观地认为通过这种途径在动物中做一些遗传改变实验是行得通的。只不过，我们不能在实验室里拥有大量的绵羊干细胞。但是在许多次的失败以后，我们也确实得到了很多开始分化的成熟细胞。

要感谢Keith Campbell在细胞分裂机制上的深刻见解，这样才能让我们有如此多的重大发现，可以把这些进一步分化的细胞引导到一个特别的时期（一个休息期，称作"quiescence"，胚胎细胞是不能到达这个时期的），然后，就可以克隆它们了。

Megan和Morag，两只威尔士绵羊。它们的出生恰好符合这种预期判断。它们来自分化的细胞克隆。培养干细胞的实验虽然失败了，但Keith的克隆方法比我们想象得更有效、更成功。Keith认为用成熟个体的体细胞来进行克隆是具有可行性的。在新想法的激励下，我们开始尝试。多莉的诞生，证明了这个观点是正确的。

多莉和她的第一个孩子Bonnie。

1996年，在等待多莉出生时，我的心情忐忑不安，掺杂了喜悦和担忧。我和Keith坚信试验会走向成功。但是，涉及如此复杂的过程、如此繁琐的步骤、如此多的人员，失败仿佛是手边一颗可以随时引爆的炸弹。就算我们成功了，这个成功也将被小题大做的神经质们的喧嚣引来一片恐慌。我是一个喜欢有个人空间的人，然而我知道从那一刻起我的生活将不再平静。

试验确实成功了，不过是227次尝试中的一次成功。出生时，多莉有6.6公斤。或许在另外一个季节将会出现二十只多莉，但更有可能的是我们将一无所获。将客观和理性上作的强调抛开，就科学本身来说，它的成功也有着一定的运气。对Keith来说，Megan和Moray是科学史上的真正明星，他觉得多莉仅仅是"一件华丽的外衣"（意为表面的事物，而非本质内涵）。我们都认为他不过是觊觎"Megan和Moray文章"的第一作者。不过，我是把克隆羊多莉的故事公布于世的第一作者。

我们将多莉的出生隐瞒了近6个月。这篇关于怎样创造她的文章经过几位科学家的审读，在细节上作了一些修改后才发表到学术杂志上。在1997年2月，多莉羊出生的消息被公开，从此，她便上了报纸的头条，激发了在这个星球上评论者、专栏作家和观点写手们的空前想象力。

按照农场上对羊的标准待遇来看，它们在九个月大的时候，大多将被屠杀掉。而多莉却经历了足够长的一生。有些科学家会毫无理由地恐惧，认为她是没有生育能力的怪胎。但是，她以实际行动驳斥了那些针对她的负面评论。通过与威尔士公羊"合作"，她在1998年4月生下了一个女儿。她的第一个孩子，叫做"Bonnie"，因为兽医说她是一只漂亮的小羊。在1999年，多莉又多了两个孩子。她总共生下了六个宝宝，生产过程都很顺利。她的活泼、她的咩咩叫、她满身的羊毛，都证明了这个来自于体细胞克隆的新生命的存在，并且，她是能够繁衍后代的新生命。因为她非常规地来到这个世界，多莉的每一个细小的叫声都会因为她在生物学领域的重要性而被研究。但是，她并没有显示出她与家族成员间有什么不同。当然，这儿也有一些条件上的限制，使我们无法认定她是否真有那么的正常。比如，我们不能知道绵羊的意识和心情。

总之，也没人知道正常的绵羊是怎样想的。

超级明星多莉和 Ian Wilmut。

经授权摘自 Wilmut I and Highfield R (2006) *After Dolly: the uses and misuses of human cloning*. WW Norton & Co, New York, London. pages 11-18 and 23-25.

■13 多莉：动物克隆中的突破

在这些试验过后的几十年里，很多科学家都尝试着克隆哺乳动物，但他们都失败了，比如在20世纪70年代克隆小鼠的尝试。蛙类的卵细胞大小是哺乳动物卵细胞的4000倍，而小鼠卵细胞的直径只有一毫米。

1986年，来自剑桥大学的丹麦籍教授Sten Willadsen成功地除去绵羊卵细胞的细胞核，这在动物的克隆史上是一个突破性的进展。他将绵羊受精卵的细胞核转移到去核的绵羊卵细胞中，而且这个被改造的胚胎细胞也可以发育。但是，运用体细胞的细胞核做这个实验时，却均以失败告终。

在90年代中期，Ian Wilmut（知识框5）和苏格兰罗斯林（Roslin）研究所的Keith Campbell开始合作，他们从成熟绵羊Tracy的乳腺中取得细胞，并培养它们。当Tracy的体细胞的细胞核被转移到另一种绵羊的去核卵细胞的时候，Tracy已经死掉了。在体外培养基培养的条件下，卵细胞和细胞核同时得到激发，并开始发育。克隆羊多莉在1996年7月5日出生。多莉的诞生证明了克隆成熟动物的可能性，并且表明了体细胞在这种条件下似乎"忘记了自己的身份"，开始变得和受精的卵细胞一样，具有全能性。随后，一封写给《自然》杂志的短信使得这个生物史上最不朽的信条覆灭了。

不过，公平一点讲，多莉也是幸运的（详见知识框5）。在277个克隆的尝试中，只有29个胚胎发育到达了可以被转化的阶段。少数受孕的绵羊在早期也流产终止妊娠，只有多莉的代孕母亲是个例外。任何一个想克隆人类的科学家都可以好好考虑一下这些数据。要知道，奇形怪状的绵羊胚胎并不少见。

之后，多莉自己也变成了"妈妈"，不过"孩子"不是通过克隆得到的。1998年4月15日，小绵羊Bonnie出生了。多莉当然不是唯一的一只克隆羊。比如它的前辈：威尔士山绵羊Megan和Morag就是直接从胚胎细胞克隆得到的，还有黑威尔士绵羊Taffy和Tweed克隆自培养的胎儿细胞，不过它们不是多莉的前辈，而是在一个时期的产物。需要强调的是，多莉带给我们的惊喜是克隆所使用的细胞核来自于成熟的体细胞。

同时，经历了六年聚光灯下的生活，多莉死于肺病。在多莉之前，只有东京国际流行病研究所关于克隆鼠的系统研究，而且这只小鼠也夭折了。

我们须等待用较先进的细胞技术克隆的24只小牛犊成长起来时，看看它们的成长状况，评定一下效果。在2003年2月，

图36 爪蟾的各个发育阶段，摘自胚胎学家E.J.Bles在1905年出版的著作。

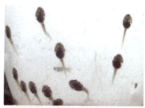

图37 蛙是被最早克隆出来的动物。

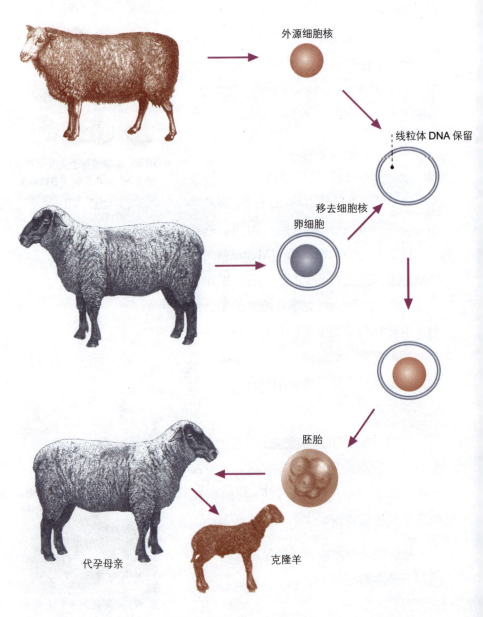

外源细胞核

线粒体 DNA 保留

移去细胞核

卵细胞

胚胎

代孕母亲

克隆羊

图38 创造多莉的过程。

58

澳大利亚的第一只克隆羊在两岁十个月的时候死于不明症状。造成多莉死亡的肺病在年龄大一点的羊身上很常见。在取她"妈妈"身上的细胞时，这头母羊才六岁。不久，关于克隆动物寿命的争论开始了。2002年1月，多莉患上了关节炎，一般情况下，只有年长的羊才会患此病。罗斯林的 Harry Griffin 在多莉死后评论到"羊能活到十一二岁，年老的羊们容易患肺病，特别是经常被关在屋子里。对于多莉的验尸过程将被详细记录，我们也将报道任何一个重要的发现。"此外，科学家已经发现克隆动物的端粒比它正常伙伴的端粒要短。**端粒**（telomere）位于染色体末端，它含有一个典型的 DNA 重复序列以保护染色体（有点像鞋带末端的塑料壳）。细胞每次分裂，端粒都会缩短一点，它通过这种方式来揭示细胞当前的寿命（穿了一定的时间，鞋带上的塑料壳也就消耗殆尽了）。

科学家们展开了大量研究，针对人类细胞**端粒酶**（telomerase）活性和年龄之间的关系。端粒酶能够将分裂细胞数从50增加到300。如今，它常被用来培养细胞。那么，它可以用来永葆青春吗？

图39 出生后不久，多莉和她的代孕母亲。这只老母羊是苏格兰黑脸羊，当然不可能是多莉真正意义上的妈妈。

图40 幸运的学生：斯坦福大学的学生Stephen Lindholm到苏格兰和爱尔兰去找他的高中朋友Dale。Dale那时在罗斯林研究所找了份假期工作。当时，多莉羊已经由该研究所和PPL治疗中心克隆成功。一天，Dale带着Stephen一起工作，并且有幸参观到这个巨大动物机构的动物们，那时候，多莉呆在户外，健康而充满活力。

■14   克隆过程中遇到的困难

在目前还不够成熟的技术条件下，克隆过程中遇到的问题是不能全部被处理好的。当然，这也是生物工程中的常事。

从成熟的体细胞中取出细胞核时，毋庸置疑，有些基因的表达会受到阻碍。因此，产生胰岛素的胰岛细胞不会分泌出和神经细胞分泌物一样的物质，而一个神经细胞也并不需要胰岛素。在多莉的实验中，Ian Wilmut 在缺乏营养素的培养基中"饥饿"处理这些细胞，用以打开某些被封闭基因的"枷锁"。这样就可能使基因组又回到它的原初状态，那些曾被沉默的基因又可以重新表达了。很多用来试验的细胞都要先经过紫外照射、活性氧反应及去除某些有毒物质的处理，所以基因组的某些区域难免会受到影响。就人类细胞而言，其他的破坏还会来自酒精、药物、X 射线和油炸食物。当然，只要这些体细胞所依赖的遗传信息区域未受到破坏，那么这些破坏就不会影响体细胞。然而，一旦细胞被重新编程并形成了新的克隆，细胞基因组受到的破坏就能够被表现出来。这也可以解释为什么克隆个体总是会早衰。

最后，去核卵细胞与被注入的细胞核之间的相互作用也可以导致错误的发生。卵细胞的细胞质产生的一些物质将控制核的运转。细胞核在重新表达的过程中所产生的一些错误也会导致与细胞质的"交流"发生错误。正常的受精过程中，父系的染色体在进入卵细胞之后先短暂地去甲基化（CH_3 基团被移除）。受精过程完成后，卵细胞是没有能力对染色体进行去甲基化修饰的，因为它已经不需要这样做了。

　　媒体疯狂炒作的所谓"克隆复制"是没有任何理论支持的。绝大多数克隆出来的生物和它们被用来克隆的母体并不完全一样。和其他克隆的动物一样，多莉拥有一个来自被克隆的"羊妈妈"的细胞核，但是细胞质却来自另一只提供卵细胞的母羊，因此，这只羊给多莉提供了线粒体DNA。在正常的受精过程中，线粒体是母系遗传的。线粒体的DNA也同样重要，可以用来进行DNA指纹鉴定。

图41 美国德克萨斯州克隆的驴仔。取名自Wim Wenders的电影《德州巴黎》(Paris-Texas)。

　　因此，多莉拥有和细胞核提供者一样的核DNA，也拥有和卵细胞提供者一样的线粒体DNA，同时也受到"孕产母亲"激素的影响。Ian Wilmut在他的书《创造多莉的科学家们开创的控制生物学时代》(*The Second Creation: The Age of Biological Control by the Scientists Who Cloned Dolly*) 写道：克隆羊多莉和那只被克隆的羊有相同的核DNA，但没有相同的细胞质。事实上，多莉并不是一只真正的"克隆物"，它仅仅是一只"DNA克隆羊"或者"基因组克隆羊"。继续往下写的时候，Wilmut的用词是非常谨慎的。"事实上，多莉羊身上的细胞们的细胞质主要遗传自苏格兰黑脸羊——即那只卵细胞提供羊。同样也有少量细胞核贡献羊（Fim Doset羊）核周细胞

图42 克隆狍子。

图 43 线粒体。在正常的受精中，线粒体来自母亲，含有线粒体 DNA（在核转移中，线粒体来自去核细胞）。

质的性质。说真的，来自苏格兰黑脸羊的卵母细胞是足够大的，远远大于那只提供细胞核的 Fim Doset 羊的体细胞。因此，我们可以认为 Fim Doset 羊在细胞核上的微弱贡献被轻易地覆没了。实际上，好像也就是那么回事。那么究竟克隆羊的表型有多少来自细胞质的贡献，又有多少是来自"受孕母亲"的影响？当克隆猫出现的时候，这些问题才显得更为明确。

■15　克隆猫

　　猫的克隆进程是一个比较典型的例子，因为它阐明了克隆过程中不同"母亲"在一次克隆中的作用。

1. 一只母猫可以是卵细胞的贡献者，卵细胞核被移走，而她体细胞的细胞核则被移入到这个去核的卵细胞里面。改造后的胚胎被放入此猫的子宫内。这样一来，卵细胞提供者、细胞核捐献者和怀孕代理者都是一只猫。这样，就只存在一个母体。

2. 体细胞的细胞核可以来自一只猫（雌雄均可），然后卵细胞核提供者和受孕代理猫则是另一只猫。这样，就存在两个母体。

3. 卵细胞和体细胞各来自不同的猫，而第三只猫拿来受孕。此时，就有三个母体。

　　接下来的步骤就和创造多莉的步骤一样，如下：

- 从猫身体上得到一个体细胞，这个细胞在低营养元素的培养基里培养，产生饥饿感。它的细胞核经过化学或者物理方法被去除了。

- 提供卵细胞的猫通过一定的激素刺激后，会同时产生 n 个卵细胞。通过真空萃取（像人工授精过程一样），使这些卵细胞失去了细胞核。这样，细胞质里只存在线粒体DNA（这种物质同样起到很大的作用）

- 捐献的细胞核被注入去核的卵细胞，此过程可以运用微管或者微电脉冲进行。此时，这个细胞拥有一套二倍染色体，就像受精后的卵细胞一样。电脉冲也被用来刺激细胞分裂。当胚胎达到八分体阶段时，可用来检测是否有一些遗传上的破坏。

- 发育到一定阶段的胚胎被移入到孕育这个宝宝的代理母亲体内。

如果被克隆的猫是雌猫，那么细胞核供给者也可以用来做受孕猫。在某种程度上，也可以说这只猫是在"复制"自己。此时，母与子的相似度是极高的。这才算真正意义上的克隆。如果被克隆的猫是公猫，那么母猫的加入是不可避免。那么，被选择的母猫可以同时是"克隆猫"的双胞胎姐妹，提供卵细胞的母亲和代孕母亲。

图44 猫拥有19对染色体。只有X染色体含有肤色基因。雄猫（XY）只能把他的肤色传给雌猫后代，因为含Y染色体的精液就没有肤色基因。因此，雄猫的肤色都来源于他的母亲。龟壳和斑点猫表现出在肤色上面组合的遗传特性。这是X染色体失活的结果。来自其父亲或母亲的没有失活的X染色体交替地决定相应地方的毛色。我的斑点母猫Fortuna的毛色由红色、黑色、巧克力色和肉桂色混杂而成。人们通常认为斑点猫能带来好运。

右图很有趣，我的斑点猫Fortuna，抓住了蜥蜴的尾巴。蜥蜴扔掉尾巴可以保全性命。

这只白色龟壳猫 Cc（Carbon Copy），出生于2001年圣诞节的前两天。德克萨斯的研究员和 Mark Westhusin 合作，宣布了历史上第一只克隆猫的诞生（图45）

图45 Mark Westhusin 和龟壳猫 Cc（Carbon copy，副本之意）。

为什么克隆猫 Cc 的毛色与体细胞和卵细胞供给者都不完全一样？它的毛色和 Rainbow 基本上是相似的。当然，Cc 的毛色是不会和代孕母亲一样的。因为她根本就是一只在遗传上不相关的猫（图46）。

我们不期望这只克隆猫的毛色和那只被克隆猫完全一样。因为，毛色是由遗传和环境共同决定的。比如，胚胎在代孕母亲子宫里的位置（通过色素产生细胞）决定发囊泡能到达的地方。其他环境因素也能造成克隆与被克隆个体之间的细微差异。而代孕母亲的饮食状况将影响新生儿的大小。要明白克隆个体和被克隆个体在遗传上几乎是一样的。但毕竟不是同一个个体，在外表上有一些不同也没有必要大惊小怪。用来克隆 Cc 的细胞是**卵丘细胞**（cumulus cell）。卵丘细胞环绕在卵细胞周围，而在卵巢中成熟。它们在排卵期前后为卵细胞提供营养。德克萨斯的研究员相信卵丘细胞比成纤维细胞好。首先，82个

图46 Cc 的遗传母亲"Rainbow"（上图）和她的代孕妈妈（中图），还有 Carbon copy 自己（下图）。

来自皮肤成纤维细胞的细胞核克隆的胚胎细胞被转移到7个代孕母亲中，但是结果失败了。然后，Rainbow 的卵丘细胞被用来克隆，形成胚胎，然后转移到代孕母亲体内。66 天后，Cc 出生。

猫是不是只能通过卵丘细胞克隆？当然不是。因为Cc毕竟只是第一只克隆成功的猫。其他六种克隆动物：绵羊、山羊、母牛、猪、小鼠和印度野牛都是克隆自冰冻和解冻后的皮肤成纤维细胞。

图47 克隆猫的毛色让研究者们颇为惊奇。

知识框 6　专家视角："社会基因" ——RNA 干扰和蜜蜂的寿命

　　我一直对蜜蜂和蚂蚁很感兴趣。这些小虫们在群体生活中有着各自明确的分工。比如蜜蜂就是一个典型的例子。大量的工作都是由许多雌工蜂完成的，而且它们是不能生育的。工蜂的工作从照顾幼蜂开始，之后便忙着采集花粉和花蜜。它们以后延续着这样的工作，直到死去。至于工蜂在什么时候开始工作，则主要取决于它们的生殖生理状况和卵黄蛋白。

　　卵黄蛋白主要用于卵黄的合成，但它也影响工蜂的行为和寿命。我们通过敲除工蜂的卵黄基因来验证这个假设。当检测蜜蜂的整个基因组时，我们希望找到决定它们"社会行为"的新基因。然而，我们并没有找到这样的基因。蜜蜂的基因组比独居生活的苍蝇的基因组更小。

　　关于遗传和激素对蜜蜂社会行为的调控以及调控机理，到现在还是没有弄明白，而这也是昆虫社会学所要解决的中心问题。在对假设的验证过程中，我们把卵黄双链RNA（dsRNA）注入到一小群蜜蜂中，然后比较它们与另两个群体的行为和寿命，这两个群体要么被注入了另外一个基因的dsRNA（如绿色荧光蛋白），要么什么也没有注

入。首先，我们发现基因敲除会使蜜蜂血淋巴的卵黄蛋白减少。但是，它们的保幼激素却依然很多。上面基因敲除蜜蜂体内表现的结果与"采蜜期"的工蜂体内表现的蛋白和激素水平比较类似。而在早时的"照顾幼蜂期"的工蜂体内，呈现高水平的卵黄蛋白和低水平的保幼激素。因此我们推测，这些基因敲除蜜蜂与正常的对照组相比，会较早地进入到"采蜜阶段"。因为采集花蜜的工蜂和采集花粉的工蜂相比较，前者体内的血淋巴中拥有的卵黄蛋白较少。我们推测"卵黄蛋白基因敲除蜂"很可能会成为"花蜜采集蜂"。同样，这些蜂的工作寿命也会更短，因为缺乏了能增加寿命的卵黄蛋白。这是因为卵黄蛋白能够清除自由基，起到抗氧化的作用。

在所有的卵生动物中，卵黄蛋白基因参与卵合成。同时，它也能调节蜜蜂的社会生活的某些重要方面——它让工蜂加速进入到采集阶段，决定它们的采集分工，还可以延长寿命。在早期被减少了卵黄蛋白量的工蜂将会提前成熟，成为一个采蜜者。然而，它们会在这个世界上少待一段时间。因此，卵黄蛋白在蜜蜂的社会生活中起很大的作用。通过基因敲除技术了解昆虫的社会行为的研究结果支持下面这个观点：蜜蜂的社会生活与它们生殖方面的一些"复合"基因有关。

这些结果也同样证实了在2006年蜜蜂的基因组被公布后提出的一些假设。这些序列表明，那些鲜明的社会行为也只是发展自一些原始的基因或者机制。把蜜蜂作为模式生物，通过单一的基因去研究遗传和激素对它们复杂社会行为的调控还是第一次。在昆虫中，包括非社会生活的果蝇，都把卵黄蛋白作为蛋黄的前体蛋白。除此之外，卵黄蛋白在蜜蜂中还起着调节其社会行为的双重作用。这也证明，在进化上，生物总是在已有的机制上创造出另一种功能，这种策略是很经济的。

我们也同样实现了一个重要的生物技术突破。虽然在实验设计之初，实验室是反对这样做的，我们还是第一次用RNA干扰技术对蜜蜂的行为进行了成功的研究。毋庸置疑，这项技术对研究其他基因的功能也非常有用。

如果这一手段用在研究人类基因上，会得出怎样的结论呢？

上天只会恩赐那些想图方便的聪明人。

Gro V. Amdam 是美国亚利桑那州立大学生命科学院及挪威大学生命科学院的教授，同时就职于动物及水生动物科研部。

引用文献：

Nelson CM, Ihle KE, M. Kim Fondrk MK, Page Jr. RE, Amdam GV (2007) *The gene vitellogenin has multiple coordinating effects on social organization* PLoS Biol 5(3)
http://biology.plosjournals.org/perlserv/? request=get-document&doi=10.1371/journal.pbio.0050062

Phillips ML (2006) *Honeybee genome sequenced.* The Scientist, October 25, 2006.
http://www.the-scientist.com/news/display/25318/

Amdam GV et al.(2003) *Disruption of vitellogenin gene function in adult honeybees by intra-abdominal injection of double-stranded RNA. BMC Biotechnol.* 3:1
http://www.the-scientist.com/pubmed/12546706

■16　与人类相关的克隆、IVF 和 PID

猫、小鼠、绵羊、马和山羊都被成功克隆。但除了某些神秘教派那些危言耸听的说辞之外，到目前为止，把人类成熟体细胞的细胞核移入到去核的卵细胞中以创造出克隆人的实验还是无法克服一些技术上的瑕疵。好好地想一下如此高的畸形（malformation）概率。如果克隆实验产生了大量的畸形婴儿，科学将名誉扫地。

进一步说，胚胎保护法也同样表明了克隆行为的非法性。

欧盟的基本权利宪章中明确禁止克隆人类，尽管此宪章还没有法律立足点。提议中的欧盟宪法如果获批，那么宪章的规定对欧盟成员国是有法律约束力的。

英国政府在2001年1月的一场论战中承认了相应技术用于治疗上的合法性，但不允许克隆人。最近，**医疗克隆**（therapeutic cloning）已经获得英国人工授精与胚胎学管理局（HFEA）的认可。纽卡斯尔大学（Newcastle）在 2004 年 8 月

图48　图中是恩斯特·海克尔（Ernst Haeckel）在《人类进化》（*The Evolution of Man*）一书中描绘的人类卵细胞。

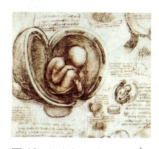

图49　文艺复兴时期的艺术家、科学家达·芬奇（Leonardo da Vinci, 1452~1519）和解剖学家 Marcantonio della Torre 共同创作的一幅作品。这幅画是达·芬奇基于牛胚胎的解剖工作获得的知识所创作的。

首次获准通过克隆治疗糖尿病、帕金森症和阿兹海默症。

在 1998 年、2001 年和 2003 年，美国众议院代表投票表决是否允许克隆人类，包括出于生殖目的和医疗目的两种克隆。但是每一次的投票都会产生很大的分歧，这些分歧也导致了法案迟迟不能出台（是对两种克隆都禁止还是只禁止生殖克隆）。

美国总统布什声明反对任何形式的人类克隆。美国一些州政府也颁布禁令禁止任何形式的克隆，而另一些州政府则只禁止生殖克隆。

前东德人权活动家、生物信息学家以及生物伦理学家 Jens Reich 在他的《造人进行时》（*Es wird ein Mensch gemacht, A man is in the making*）一书中谈到："尽管克隆动物会产生一些问题，我也无意引起关于克隆在伦理学方面的讨论。但是在人类克隆方面，基于两个重要原因我必须提出一些建议，一方面，克隆人已经变成一种技术手段，这违背了自然规律；另一方面，制造一模一样的复制人也违背了自然规律。"

移植胚胎前诊断（Preimplantation diagnosis, PID）已经和基因食品、干细胞

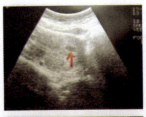
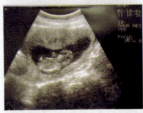

图50 上面四幅图展示的是人类胎儿从B超图像到长成小男孩的过程。这个名叫 Theo Alex Kwong 的小男孩并没有进行PID或IVF实验。

研究等问题一道成为当今的热点问题。为了判断胚胎的基因型，至少要牺牲掉一个胚胎细胞。一般是等到受精卵发育到了第三天，形成八细胞结构后，从这个多细胞胚胎上取出一个细胞。此时，这个细胞包含了胚胎的所有信息，具有细胞全能性。这样取出细胞的操作对余下的细胞发育却没有任何影响，因为胚胎还没有进入紧凑的桑椹胚阶段。

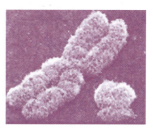

图51 放大一万倍观测到的染色体的差异。左边是女性的 X 染色体，而右边是明显小得多的男性的 Y 染色体。

我们能从这个细胞中得到什么信息呢？

我们可以很容易地判断细胞的**性别**（gender，XX型为女性，XY型为男性），以及染色体数目是否异常（正常人含有23对染色体）。染色体的一些特殊部位也可以通过显微镜观察，以判断是否有残缺。甚至还可以判断基因的致病突变。理论上，我们也可以检测这个基因组的全部信息，当然这项检测的花费也相当昂贵。未来技术的发展也许会改变这一局面。

那些对于移植胚胎前诊断问题持怀疑态度的人可能会慢慢转变观念，因为这项技术不仅可以检测出受损的胚胎，即对负面的因素进行选择，还可以作为积极的有效手段来对性别和一些优良性状进行选择。

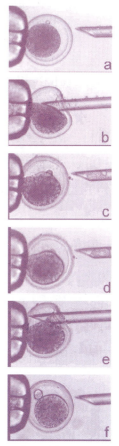

图52 家畜的核移植操作。

知识框 7　人类胚胎的体外受精

　　人类胚胎的体外受精技术首先要用细管从女性体内抽出卵细胞。虽然这是一项很成熟的技术，但也有一些问题。供体女性要被注射激素，引起卵巢内同时成熟几个卵细胞，这样会引起女性体内的激素紊乱。在抽取之前还要用超声成像技术观察是否有足够的卵泡已经成熟。整个抽取过程在超声成像仪的监控下进行。细管一般从阴道进入腹腔，而且还要进行局部麻醉。整个过程有感染和大出血的风险。如果顺利，我们可以得到8～10颗卵细胞，而精子细胞比较容易得到，随后可以进行后续操作。在实验室环境下，卵细胞和精子细胞在液体培养基上共培养，在3～5天后，将处于多细胞期的胚胎移植入代孕母体的子宫。

　　如果一切顺利的话，胚胎在代孕母体内就可以慢慢发育。可是目前为止，这项技术的成功率也只有10%～15%。所以为了提高成功率，往往会增加植入的胚胎数目，结果导致多胞胎的出现。为了防止出现多胞胎，避免不必要的麻烦，德国法律规定一次只能移植三个受精卵，但是在美国，一次却可以移植六个受精卵。

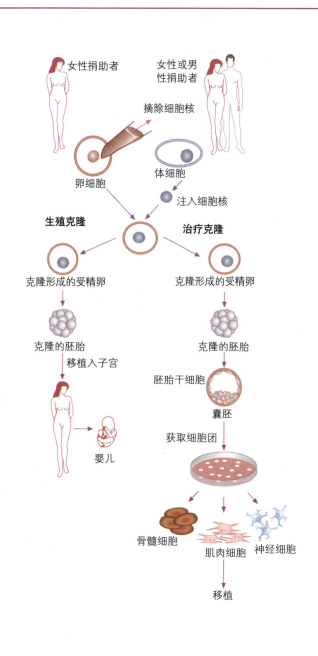

■17　通过胚胎以窥全部

在我们共同编写的《亲爱的，你克隆了猫咪》（*Liebling, Du hast die katze geklont, Honey, you have cloned the cat*）一书中，Jens Reich（图53）谈到："我们每个人只有0.1%的基因不同，这0.1%的不同造就了我们迥异的个性。我们非常渴望了解0.1%的不同，因为它能告诉我们一个人会长多高、会有多聪明、他的眼睛会是什么颜色、他会喜欢吃什么东西、他是否会成为运动健将等等。尽管我们有很多基因不能通过基因工程技术来改造，但是，充分发挥这些基因拥有的潜力则广泛依赖于其他生理活动。体形和健康依赖于营养状况，人的智力可以在三岁之前得到极大的提升。而一个钢琴天才可能因为没有接触到钢琴或者缺乏持之以恒的锻炼而被埋没。

与此类似的是，很多糖尿病患者是在无节制的进食和没有压力的轻松环境下患上糖尿病的。另一方面，在只改变一个基因的情况下，上述这些可见的特征通常不能被消除，而是需要同时改变几个基因，甚至几千个基因才能得到根本的改变。我们只能通过动物实验来研究哪些基因负责哪些性状，然而，小鼠不可能演奏钢琴，它们心目中对美的判断标准和我们人类心目中美的标准大相径庭。因此，我们不能通过实验来证明哪些基因通过相互作用来控制人的乐感和外貌。

到目前为止，我们对于单个基因的作用了解甚少，个体在基因组水平上的差异部分也并没有透露出多少信息。这样一来，是不是就没必要担心每个公民的隐私权利会受到侵犯呢？

出于科研和医疗目的，研究机构可能会收集一些个人数据，然而，这些数据是不得移作它用的。我们必须搞清楚一点，合同伙伴（比如雇主、保险公司等）没有权利泄露这些个人信息，任何个人都不能出于自身目的来使用这些数据。而对于其他人来讲，这些信息要保存得当，就像不存在一样。一份DNA信息并不能告诉我们关于一个人的全部个性信息。每一个人都有1万亿个神经细胞，每一个神经细胞都和其他1000个左右的神经细胞发生联系。所以，如此复杂而特异的网络结构根本不可能仅仅通过30亿个碱基序列所决定。

图53 Jens Reich，药学博士，生物信息学家，生物伦理学家，德国政府伦理委员会成员。

单是遗传信息也许不会引起我们的高度关注，而遗传信息一旦和其他信息联系起来就显得非常有保护价值，诸如健康状况记录、网站访问记录、购物习惯记录、电话通讯记录、银行账号和信用卡消费记录等等，这些信息都有可能泄露个人的隐私。

人造人
（Homunculus）

快瞧!在放光!——希望已见分晓,
我们混合数百种原料,
——混合至关重要——
将造人原料从容调好,
把它装进圆瓶,外封泥胶,
蒸馏以适度为妙,
这件工作完成得静静悄悄。
又转向灶头
快要成形!混合物质活动得更加显明!
信念也愈来愈逼真:
被礼赞为造化的神秘品,
我们敢于凭智慧加以陶甄,
平常为造化有机地构成,
我们则使其逐渐地结晶。

引自歌德《浮士德》悲剧第二部中的第二幕:中世纪风格的实验室。

《浮士德》中曾提到炼金术士造出的一种人造人,他是通过许多物质在密封的蒸馏瓶逐渐凝集,并分离出来,适当地再蒸馏后被炼制成的,一会儿能变成碳火、一会儿是红玉、一会儿又是电光,他没有灵魂,只有肉体和意识。

人体的奥秘难道就能如此简单?

知识框 8　生物技术的历史：胚胎、海克尔和达尔文

　　我们现在已经知道恩斯特·海克尔（Ernst Haeckel）在 1874 年画的胚胎图有一部分是伪造的。当时关于胚胎结构有几种不同的观点，海克尔驳斥了与他相对立的观点，但却接受了另一种错误的说法。

　　一些神创论者声称达尔文利用海克尔的胚胎发育图作为进化论的证据，借以驳斥达尔文的理论是错误的。他们忽略了这样一个事实：达尔文出版《物种起源》（*Origin of Species*）是在 1859 年，出版《人类的由来》（*The Descent of Man*）是在 1871 年，但是海克尔发表伪造的胚胎图是在 1874 年！所以这个言论不攻自破。

　　荷兰莱登大学的 Michael K. Richardson 曾经说过：我们过去曾致力于攻击进化论，试图证明进化论不能解释胚胎学。现在，我们严重怀疑过去曾信奉的观点，因为胚胎学上的数据和进化论完全吻合。海克尔著名的伪造图已经弄得满城风雨。

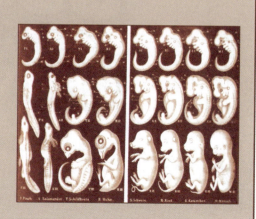

海克尔所绘的胚胎图。

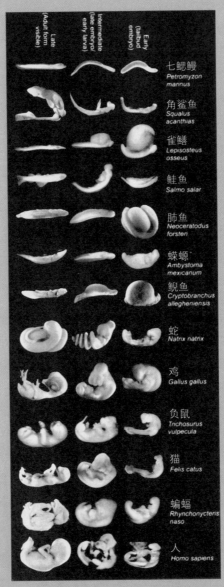

各种动物的胚胎（非实际比例）在三个不同时期的形态（早期可见尾，之后逐渐呈现出成熟个体的形态）。图中胚胎并不是按照进化顺序排列的。图片引用得到Michael K. Richardson 的许可。

　　早期的胚胎发育理论表明，在不同的脊椎动物发育过程中，早期胚胎发育是一样的，具有同源性。在这个层面上，海克尔的观点是正确的：所有的脊椎动物都有相似的发育路线（在脊索、身体体节、咽膜等部位的发育上来看）。这种共有的发育路程反应出了共有的进化历史。这也和当今发现的一些让人眼花缭乱的证据相一致，这些证据表明胚胎发育受到普适性的遗传机制调控。

　　遗憾的是，海克尔对于他的工作过于自信和热心了。当我们把他的胚胎图和真实的胚胎进行比对时发现，他过多地描绘了一些错误的细节。尽管显示出了胚胎之间的差异，但是他并没有描绘出不同物种之间的显著差异。例如，我们发现了胚胎在大小、外部形态和身体体节数量上都存在差异，但是海克尔的图上却没有显示出这些差异。这些差异并没有否定进化论。相反，正是脊椎动物胚胎上的相似性和差异性，反映了这些动物从同一个祖先遗传下来后产生的进化上的改变。我们给出了一份关于脊椎动物胚胎细胞发育的更为准确的表述，包括三个不同的阶段，其中，相似期的胚胎曾经被海克尔认为是一模一样的。我们认为，海克尔在阐释不同物种之间胚胎发育的差异会越来越大这一点上是正确的，而且他在证明人类早期胚胎和其他真兽亚纲的动物（例如猫和蝙蝠）早期胚胎有极高的相似性这一点上也是正确的。

十英镑纸币上印有达尔文的纪念头像。

81

但是，他却错在了认为这些动物的早期胚胎没有进化上的差异。

海克尔的这些结论有一部分通过比较不同物种胚胎发育的时间而得到了证明。这些工作证明了人类胚胎和真兽亚纲动物胚胎在发育的顺序上有着紧密的相互联系，但是人类胚胎和其他低等脊椎动物的胚胎在这一方面的联系则弱得多。海克尔的错误毁掉了他的声誉，但是这丝毫没有影响达尔文进化论的真实性。可以毫不夸张地说，如果海克尔描述的胚胎发育情况完全正确，那么他的论断和进化论就会相互印证，他那些有利于解释进化论的胚胎早期发育论断也将得到更好的解释。

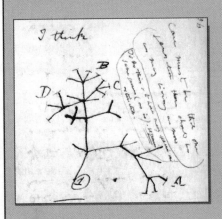

达尔文在1837年的手稿，他绘制的第一个关于进化树的模式图。该图出自《物种演变》一书中的笔记部分。

引用文献：

Richardson MK et al.(1997) *Anat.Embryol.*196,91.

Richardson MK (1998) *Letters to Science* 15 May 1998: Vol. 280. no.5366, p.983.

小测验

1. 从理论上说，用于人工授精的种牛可以取代多少用于自然受精的种牛？

2. 除了供体细胞提供的染色体 DNA，还有哪些 DNA 可以影响克隆动物？

3. Wolf 教授和 Pfeifer 教授是怎样培育出转基因的荧光猪的？

4. 在猫的克隆方面，克隆得到的小猫和供体猫的皮毛颜色一样吗？

5. 在转基因实验中，水母基因有什么利用价值？

6. 在利用牛、羊、鸡等动物生产转基因药物时，我们面对怎样的机遇和前景？这种利用动物生产基因药物的方法比传统的生产方法有哪些优势？

7. 怎样证明蛙胚胎细胞的全能性？

8. 在保护濒危物种方面，怎样通过胚胎移植技术使濒危动物成功繁殖？

参考文献与推荐读物

- **Thiemann WJ, Palladino MA** (2004) *Introduction to Biotechnology*. Benjamin Cummings, San Francisco.

  关于动物生物技术的那一章对初学者来说很有帮助。

- **Watson JD** (2004) *DNA. The Secret of Life*. Arrow Books, London.

  这是一本必读的书。E.O Wilson 认为，它是同类书籍中的经典。

- **Brown TA** (2001) *Gene Cloning and DNA Analysis-An Introduction*. 4th edn.Blackwell Science,Oxford.

  是本书的姐妹篇，涵盖基因工程的各方面内容。

- **Beaumont AR, Hoare K** (2003) *Biotechnology and Genetics in Fisheries and Aquaculture*. Blackwell Science, Oxford.

  此书是生物技术在水产方面的概述性读物。

- **Wilmut I, Campbell K** (2001) *The Second Creation: Dolly and the Age of Biological Control*. Harvard University Press, Cambridge.

- **Wilmut I, Highfield R** (2006) *After Dolly:The Uses and Misuses of Human Cloning*. W.W.Norton, New York.

- **Bains W** (2004) *Biotechnology from A to Z* (3rd edn.) Oxford University Press, Oxford.

  是一本很好的工具书，涵盖了生物技术的方方面面。

- **Barnum S R** (2006) *Biotechnology:An Introduction*,updated 2nd edn.,with InfoTrac® Brooks Cole, Belmont.

  值得信赖的初学教材。Susan Barnum 是本书知识框的作者之一。

- **Lim H A** (2004) *Sex is so good,why clone*? Enlighten Noah Publishing, Santa Clara.

克隆趣闻。

- **Scientific American Reader** (2002) *Understanding Cloning* (Science Made Accessible) Warner Books, New York.

  很精彩的综述，内有丰富多彩的插图。

- **Rifkin J** (1998) *The Biotech Century*. Harcourt Publishers, Boston.

  有关 GMO（转基因生物）的精妙评论，值得一看。

相关网络链接

- 从维基百科开始，例如克隆知识：
  http://en.wikipedia.org/wiki/Cloning
- 由 Vega Science Trust 和 BBC/OU 提供的免费视频，关于克隆技术：
  http://www.vega.org.uk/video/programme/15
- 克隆指南——提供大量有关人类生殖克隆的信息：
  http://www.reproductivecloning.net/
- 点击鼠标，克隆小鼠——虚拟克隆实验体验。犹他州立大学遗传科学中心关于小鼠克隆的网站：
  http://learn.genetics.utah.edu/units/cloning/clickandclone/
- 生物技术虚拟实验室网站：*http://www.cato.com/biotech/*
- 介绍 DNA 相互作用的网站：*http://www.dnai.org/*
- *New Scientist* 杂志提供的关于遗传修饰生物体的各种信息：
  http://www.newscientist.com/channel/life/gm-food

尊敬的读者:

　　科学出版社科爱森蓝文化传播有限公司（简称"科爱传播"）立足国际合作，致力于为科技专业人士提供优质的信息服务。我们很想通过自己的努力最大限度地满足您的需求，您的哪怕是一点点的建议和意见，都将成为我们改进工作的重要依据。

　　我们将在每年的6月份、12月份各一次从半年的参与者中抽取幸运者10名，幸运者可以从"科爱传播"的出版物中任选价值1000元的图书（10册以内）作为奖品（全部出版物信息可在我们的网站上查到）。

1. 您所购买的图书书名：《＿＿＿＿＿＿＿＿＿＿＿＿＿＿＿＿＿＿＿＿》

　　您于＿＿＿＿＿年＿＿月＿＿日在(通过)＿＿＿＿＿＿＿＿购买到此书。

　　你认为本书的定价：□偏高 □合适 □偏低
　　你认为本书的内容有约 ＿＿＿% 对您有用。

2. **影响您购买本书的因素（可多选）：**
　　□封面封底　□价格　□内容提要　□书评广告　□出版物名声
　　□作者　　　□译者　□内容　　　□其他＿＿＿＿＿＿＿＿＿

3. **你认为我们出版物的质量：**
　　内容质量（学术水平、写作水平）：□很好 □较好 □一般 □较差
　　译介质量（翻译水平、文字水平）：□很好 □较好 □一般 □较差
　　印制质量（印制、包装）：□很好 □较好 □一般 □较差

4. **您最喜欢书中的哪篇（或章、节）？请说明理由：**
＿＿＿＿＿＿＿＿＿＿＿＿＿＿＿＿＿＿＿＿＿＿＿＿＿＿＿＿＿＿＿＿
＿＿＿＿＿＿＿＿＿＿＿＿＿＿＿＿＿＿＿＿＿＿＿＿＿＿＿＿＿＿＿＿

5．您最不喜欢书中的哪篇（或章、节）？请说明理由：

_____

_____

6．您希望本书在哪些方面改进？

_____

_____

7．您感兴趣或希望增加的图书选题有：

_____

_____

8．您是否愿意与我们合作，参与编写、编译、翻译图书或其他科技信息？

_____

_____

9．请列举您近两年看过的，您认为最有参考价值、对您帮助最大的1~2
本书：

书名	著作者	出版社	出版日期	定价

11．您还有什么别的意见、建议？（可另附纸）

● **请告诉我们您准确的地址和联系办法：**

姓名：_____性别：_____生日：_____年__月__日

单位：_____职务/职称：_____

地址：_____

E-mail：_____ 电话：_____

传真：_____手机：_____

回寄地址（也可以通过E-mail反馈）：

100717　北京东黄城根北街16号　科学出版社 科爱传播中心 杨 琴（收）

联系电话：010-64006871；传真：010-64034056

E-mail: yangq@kbooks.cn, keai@mail.sciencep.com

（注：本反馈单复印有效，也可以在线下载：http://www.kbooks.cn/reader.asp）